国家出版基金项目
NATIONAL PUBLICATION FOUNDATION

"十三五"国家重点出版物出版规划项目

中国生态环境演变与评估

北部湾经济区沿海生态环境十年变化评估

李远 宋巍巍 等 著

科学出版社
龙门书局
北京

内 容 简 介

本书以北部湾经济区生态环境年变化评估为核心，系统评估了北部湾经济区 2000～2010 年生态系统格局与构成、生态承载力、生态环境质量、生态环境胁迫、开发强度 5 个方面以及沿海岸线、沿海滩涂污染胁迫与社会经济重心演变等特色指标的变化，探讨了北部湾经济区资源开发和产业发展对生态环境的影响，建议北部湾经济区提高产业集聚区土地利用效率、适当控制港口和海岸线的开发规模、加强对填海造地管理、优化重点产业发展确保生态系统安全健康。

本书适合生态学、环境科学等专业的科研和教学人员阅读，也可为政府规划人员、区域经济发展研究人员提供参考。

图书在版编目（CIP）数据

北部湾经济区沿海生态环境十年变化评估／李远等著 . —北京：科学出版社　龙门书局，2017.5

（中国生态环境演变与评估）

"十三五"国家重点出版物出版规划项目　国家出版基金项目

ISBN 978-7-03-051702-9

Ⅰ. ①北…　Ⅱ. ①李…　Ⅲ. ①北部湾–经济区–沿海–环境生态评价

Ⅳ. ①X145②X826

中国版本图书馆 CIP 数据核字（2017）第 023609 号

责任编辑：李　敏　张　菊　杨逢渤／责任校对：彭　涛
责任印制：肖　兴／封面设计：黄华斌

科学出版社　龙门书局 出版

北京东黄城根北街 16 号
邮政编码：100717
http://www.sciencep.com

中国科学院印刷厂 印刷

科学出版社发行　各地新华书店经销

*

2017 年 5 月第 一 版　开本：787×1092　1/16
2017 年 5 月第一次印刷　印张：14
字数：400 000

定价：136.00 元
（如有印装质量问题，我社负责调换）

《中国生态环境演变与评估》编委会

总　序

　　我国国土辽阔，地形复杂，生物多样性丰富，拥有森林、草地、湿地、荒漠、海洋、农田和城市等各类生态系统，为中华民族繁衍、华夏文明昌盛与传承提供了支撑。但长期的开发历史、巨大的人口压力和脆弱的生态环境条件，导致我国生态系统退化严重，生态服务功能下降，生态安全受到严重威胁。尤其 2000 年以来，我国经济与城镇化快速的发展、高强度的资源开发、严重的自然灾害等给生态环境带来前所未有的冲击：2010 年提前 10 年实现 GDP 比 2000 年翻两番的目标；实施了三峡工程、青藏铁路、南水北调等一大批大型建设工程；发生了南方冰雪冻害、汶川大地震、西南大旱、玉树地震、南方洪涝、松花江洪水、舟曲特大山洪泥石流等一系列重大自然灾害事件，对我国生态系统造成巨大的影响。同时，2000 年以来，我国生态保护与建设力度加大，规模巨大，先后启动了天然林保护、退耕还林还草、退田还湖等一系列生态保护与建设工程。进入 21 世纪以来，我国生态环境状况与趋势如何以及生态安全面临怎样的挑战，是建设生态文明与经济社会发展所迫切需要明确的重要科学问题。经国务院批准，环境保护部、中国科学院于 2012 年 1 月联合启动了"全国生态环境十年变化（2000—2010 年）调查评估"工作，旨在全面认识我国生态环境状况，揭示我国生态系统格局、生态系统质量、生态系统服务功能、生态环境问题及其变化趋势和原因，研究提出新时期我国生态环境保护的对策，为我国生态文明建设与生态保护工作提供系统、可靠的科学依据。简言之，就是"摸清家底，发现问题，找出原因，提出对策"。

　　"全国生态环境十年变化（2000—2010 年）调查评估"工作历时 3 年，经过 139 个单位、3000 余名专业科技人员的共同努力，取得了丰硕成果：建立了"天地一体化"生态系统调查技术体系，获取了高精度的全国生态系统类型数据；建立了基于遥感数据的生态系统分类体系，为全国和区域生态系统评估奠定了基础；构建了生态系统"格局-质量-功能-问题-胁迫"评估框架与技术体系，推动了我国区域生态系统评估工作；揭示了全国生态环境十年变化时空特征，为我国生态保护与建设提供了科学支撑。项目成果已应用于国家与地方生态文明建设规划、全国生态功能区划修编、重点生态功能区调整、国家生态保护红线框架规划，以及国家与地方生态保护、城市与区域发展规划和生态保护政策的制定，并为国家与各地区社会经济发展"十三五"规划、京津冀交通一体化发展生态保护规划、京津冀协同发展生态环境保护规划等重要区域发展规划提供了重要技术支撑。此外，项目建立的多尺度大规模生态环境遥感调查技术体系等成果，直接推动了国家级和省级自然保护区人类活动监管、生物多样性保护优先区监管、全国生态资产核算、矿产资源开发监管、海岸带变化遥感监测等十余项新型遥感监测业务的发展，显著提升了我国生态环境保护管理决策的能力和水平。

《中国生态环境演变与评估》丛书系统地展示了"全国生态环境十年变化（2000—2010 年）调查评估"的主要成果，包括：全国生态系统格局、生态系统服务功能、生态环境问题特征及其变化，以及长江、黄河、海河、辽河、珠江等重点流域，国家生态屏障区，典型城市群，五大经济区等主要区域的生态环境状况及变化评估。丛书的出版，将为全面认识国家和典型区域的生态环境现状及其变化趋势、推动我国生态文明建设提供科学支撑。

因丛书覆盖面广、涉及学科领域多，加上作者水平有限等原因，丛书中可能存在许多不足和谬误，敬请读者批评指正。

《中国生态环境演变与评估》丛书编委会

2016 年 9 月

前　言

近年来，我国人口剧增、经济快速发展，对资源的开发利用不够合理，使得生态平衡遭到破坏，生态环境日益恶化，严重地威胁着人类的生存与发展。北部湾经济区十年来经济发展迅速，工业化程度明显加快。随着资源开发强度不断加快，污染排放程度日益加深，生态环境也将遭受不小的威胁。必须要在北部湾经济区实施可持续发展战略，加强城市生态化建设，才能协调好区域经济开发与环境保护之间的关系，使生态环境的整体功能得以正常发挥。对城市的生态环境变化进行准确判断和科学评估就显得尤为重要，它能为城市生态化建设提供决策支持。因此，对北部湾经济区十年来的生态环境变化进行评估是刻不容缓的工作。而在评估过程中，常规手段往往只侧重单一角度，其结果造成对区域生态环境整体状况的定量评价以及空间格局分析尚显不足。本书加入 RS 和 GIS 等工具，这些工具本身就是对生态环境质量定量评价研究的有效手段，能够弥补常规手段的不足。

从地理条件上来看，北部湾经济区是指我国北部湾地区和湛茂地区所组成的广大经济区域，包括广西壮族自治区的南宁市、北海市、钦州市和防城港市；广东省的湛江市和茂名市；海南省的海口市、澄迈县、临高县、儋州市、东方市、乐东县、昌江县等市县。按照地理和环境特征划分为东、南、西、北 4 个部分，东部为湛江市和茂名市，西部为防城港市、钦州市和北海市，北部为南宁市，南部为海南省部分县市。"北部湾经济区沿海生态环境十年变化评估"课题组在数据收集和空间化的基础上，结合"全国生态环境十年变化（2000—2010 年）调查评估"项目组下发的土地利用遥感解译数据，包括 NPP、LAI、Biomass 等定量遥感反演陆地生态数据，开展北部湾经济区生态系统构成与格局、生态承载力、生态环境质量、生态环境胁迫、开发强度 5 个方面以及沿海岸线、沿海滩涂的污染胁迫与社会经济重心演变等特色指标的十年变化分析。

生态系统构成与格局十年变化方面。区域人口增长、经济结构调整（经济重心由第一产业向第二产业转移）、人居条件改善，以及城市化的发展是区域生态系统变化的主要原因。北部湾经济区城镇生态系统的快速增长主要来自于农田转移。区域北部、西部和东部的景观格局呈现逐渐聚集、集中分布的趋势，南部景观格局呈现逐渐分散、离散分布的趋势。

生产承载力十年变化方面。区域人均生态承载力下降了 30.80%，其中北部和南部下降比例较高，分别为 56.69% 和 32.84%。

生态环境质量十年变化方面。区域植被破碎度逐年下降，共下降了 7.14%，其中东部和北部下降比例最高，分别为 10.48% 和 7.92%；区域植被生物量和植被覆盖度略有增加，湿地呈现稳定的状态；2005 年后区域被城镇建设占用的滩涂湿地空间成倍的增长，其中 2000～2005 年城镇对滩涂的直接占用增加了 $7km^2$，2005～2010 年则增加了 $20km^2$；区域河流水质变化趋势总体呈下降趋势，营养盐含量是主要影响其水质类别构成的因素，湖库水质变化趋势总体呈波动型，氮磷营养盐含量是主要影响其水质类别构成的因素；北部湾经济区的 SO_2、NO_2 和 PM_{10} 年均浓度值和酸雨频率年均值均有所下降，在一定程度上反映出国家污染物减排措施对环境质量的改善效果比较明显。

生态环境胁迫十年变化方面。采用重心模型，分析北部湾经济区经济发展、人口的空间变化对排污空间格局的影响程度，经过重心分析发现，区域的污染胁迫和社会经济重心向西北移动，在 2009 年向南部移动，总体说明区域北部、西部的快速发展是重心演变的关键原因。整个经济区的生态环境胁迫十年间呈现了北增、西强、东弱、南减的趋势。

开发强度十年变化方面。区域建设用地比例逐年增加，建设用地增长了约 20%，其中南部建设用地增加了 50% 以上，区域和各市县主要是在 2005 年后建设用地比例增长加速；区域土地利用程度综合指数基本保持稳定，区域和各片区的综合指数基本不变，南部的综合指数明显高于其他片区；区域经济发展迅速，经济活动强度逐年增强，增长了 3 倍；区域人工岸线十年来增长迅速，增速逐渐增大；2000 年和 2005 年区域岸线利用强度保持稳定，在 2005 年后岸线利用强度增加了 40%；区域经济城市化和人口城市化十年来变化较为平缓。

在上述 5 个方面十年变化研究的基础上，结合北部湾经济区的经济发展规划，定量评价了北部湾经济区资源开发和产业发展对生态环境的影响。区域内各市县的港口规划岸线都存在与生态敏感岸线中禁止开发岸线和旅游岸线、增殖区岸线等限制开发岸线相重叠或冲突的现象（共约 80km），区域港口规划岸线规模过大，应对其规模进行控制。区域填海利用压力由高到低依次为钦州市、防城港市、北海市和湛江市。西部整体的填海利用滩涂的压力高于区域平均值，滩涂利用压力较高。东部茂名市因滩涂面积较小，其填海利用压力相对较高，东部整体的填海利用滩涂的压力小于北部湾区域的平均值。北部湾经济区各产业集聚区的土地利用效率差异大，土地利用效率具有较大的提升空间。沿海产业集聚区近岸海域的生态适宜性总体较好，但个别适宜性较差。为保护我国最后的"洁海"、最具生物多样性的"湾区"和最重要的"黄金渔场"，北部湾区域重点产业发展布局的海洋生态保护总体原则为"东西南部毗邻区严格保护，南部和西部重点控制，东部优化保护"，并实施"湾内禁止，离岸排放"污染控制策略。

根据北部湾经济区资源开发与产业发展对生态环境的影响分析，结合区域社会经济发展的实际，建议北部湾经济区提高产业集聚区土地利用效率、适当控制港口和海岸线的开发规模、加强对填海造地管理、优化重点产业发展、确保生态系统安全健康。重点产业发展的总体发展调控思路为"北部提升优化，南部集约发展，西部和东部择优重点发展，东西南部毗邻区保护控制"。

本书的相关研究工作得到环境保护部自然生态保护司、环保部卫星环境应用中心与中国科学院生态环境研究中心等单位的大力支持和及时指导，我们深表感谢！

由于作者研究领域和学识的限制，书中难免有不足之处，敬请读者不吝批评、赐教。

《北部湾经济区沿海生态环境十年变化评估》编委会

2016 年 9 月

目　　录

|第1章| 概　　述

北部湾经济区地处南海北部的北部湾沿海和琼州海峡至湛茂沿海地区（图 1-1）。北部湾为中国第二大海湾，北临广西"南北钦防"，东临雷州半岛和海南岛，西临越南，南与南海相连。北部湾经济区是我国面向东盟的重要门户和前沿地带，是国家开发南海战略的前沿，是我国重要国际区域经济合作区。随着国家一系列发展规划和意见的出台，北部湾区域的开放和开发已上升为国家发展战略，并成为区域经济发展的重要引擎。本章详细介绍了北部湾经济区概况，明确研究目标，分析区域生态环境问题，提出主要研究内容和调查评价指标，并阐明数据来源。

1.1　区　域　概　况

1.1.1　自然地理概况

北部湾经济区地处南海北部的北部湾沿海和琼州海峡至湛茂沿海地区（图 1-1）。北

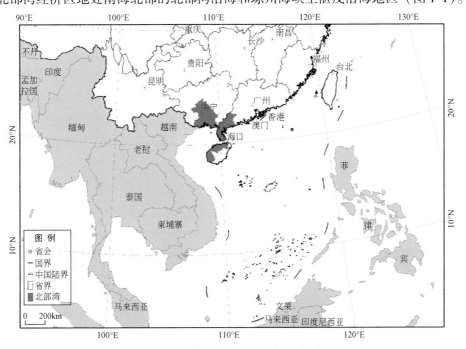

图 1-1　北部湾经济区地理位置示意图

部湾北临广西"南北钦防",东临雷州半岛和海南岛,西临越南,南与南海相连。北部湾经济区包括广西壮族自治区片区的南宁市、北海市、钦州市和防城港市;广东省片区的湛江市和茂名市;海南省片区的海口市、澄迈县、临高县、儋州市、东方市、乐东县、昌江县等市县。北部湾经济区行政区划如图1-2所示。

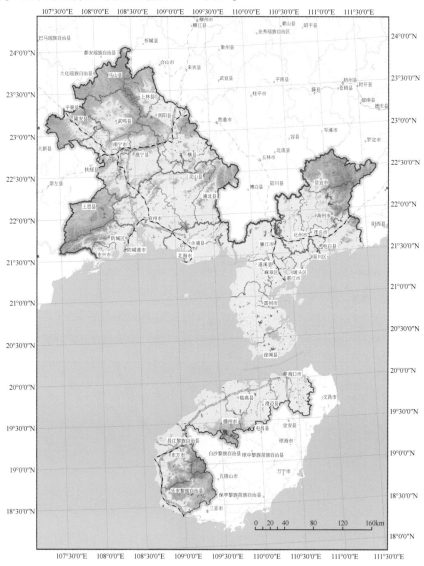

图1-2　北部湾经济区行政区划图

北部湾经济区土地总面积为8.21万km²,约占桂、琼、粤三省区土地总面积的18.2%,约占全国(不含港澳台地区)土地总面积960万km²的0.86%。其中,南宁市、湛江市、茂名市和钦州市4个地级市土地面积都超过1万km²,其占整个区域面积的69.4%,各市县土地利用面积如图1-3所示。北部湾经济区南部属北热带海洋性季风气候区,其余地区属亚热带季风气候区。"南、北、钦、防"四市,属湿润的亚热带季风气候;"湛、茂"两市,

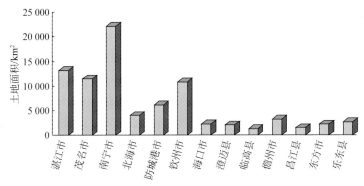

既受大陆性气候影响又受海洋性气候影响；海南省属热带海洋性季风气候。冬季主要受到来自北半球中高纬度天气系统的影响；夏季主要受到低纬度天气系统的影响，呈高温多雨。南部地区为热带海洋性季风气候，四季不分明，但有明显的干湿季。

图 1-3　北部湾经济区各市县土地利用面积

北部湾经济区北部与云贵高原东南边缘接壤，地势呈北高南低，北部以山地、丘陵和台地为主，沿海地段以低洼平地为主；南部地势从中部山体向外，以山地、丘陵、台地、平原顺序逐级递降，构成层状垂直分布带和环状水平分布带，北部湾经济区地形如图 1-4 所示。北部湾北面海岸线蜿蜒曲折，西面及东南面两侧海岸线比较平滑。区域海岸线长为 4147.4km，其中，广西岸段长为 1628.6km，广东岸段长为 1738.5km，海南岸段长为 780.3km；海湾多分布于北岸；南部有海南岛，北部有涠洲岛和斜阳岛，东北部有中国第五大岛——东海岛。海底地形呈北高南低的特征，等深线基本与岸线平行，北部广西沿海有大片滩涂，10m 等深线离岸最远超过 10km，占北部湾绝大部分面积的湾中部海底平原水深为 20~80m，至海南岛西岸和琼州海峡水深陡然增加 20m。

北部和西部属西南石灰岩山地的一部分，土壤以红壤为主，土质黏度高，透水性差，肥力不高。东部属粤西南低丘台地平原，土壤类型主要为砖红壤。南部土壤类型较多，按照地势由低至高，依次为砖红壤→砖红壤性红壤→黄壤→山地灌丛草甸土。

1.1.2　区域资源环境特征

（1）土地资源有限，可利用空间不大

土地利用现状以农业和林业用地为主，林地和耕地分别占区域土地面积的 52% 和 34%，工矿、未利用、建设用地等低于 20%，未来工业用地利用空间有限，区内人均可利用土地资源量仅为全国的一半。

（2）岸线资源和受保护岸线较多

海洋岸线资源丰富，总长度为 4147.4km，其中，人工岸线①总长为 432km，占岸线总

---

①　定义为港口、工业区、城市建设等人为开发将海洋、陆地直接截断的岸线，不包括其他海堤；人工岸线以外的岸线认为是自然岸线。

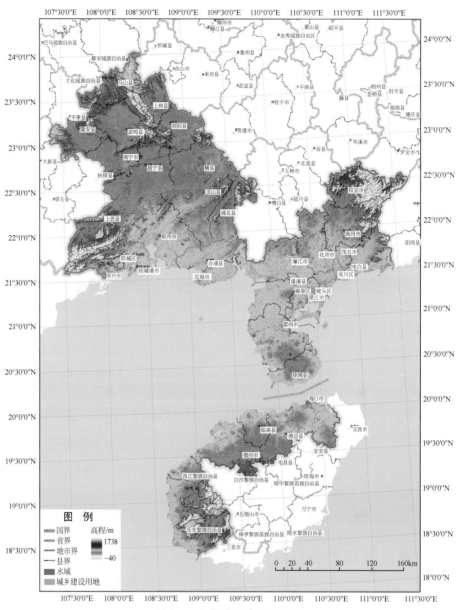

图 1-4　北部湾经济区地形图

长度的 10.4%，但受保护海岸线较多。沿海港口现共有生产性泊位 401 个，其中，万吨级以上泊位达 94 个，30 万吨级航道直达湛江港。总体来看，东部和西部的工业与港口岸线开发程度相对较低，南部岸线的港口开发程度相对较高。

（3）水资源较丰富

主要河流有鉴江、九州江、郁江干流、左江、右江、南流江、钦江、大风江、茅岭江、防城河、北仑河、南渡江、昌化江。1978～2007 年，区域多年平均降雨量为

1616mm，多年平均水资源总量为 659.9 亿 m³，人均水资源量为 2109.9m³。

（4）矿产资源丰富，开发潜力巨大

南海和北部湾具有良好的储油条件，蕴藏着丰富的石油、天然气资源，石油、天然气、油页岩储量居全国前列，开发前景广阔；海底沉积物中含有丰富的沙矿，主要有钛铁矿、金红石、锆英石、独居石、板钛矿等；西北部和南部已发现矿产约 130 种，东北部已发现各类矿藏 33 处、矿产地 155 处；石碌铁矿储量占全国富铁矿储量的 71%，平均品位为全国第一（51.5%），钛、锆、石英、蓝宝石、化肥灰岩储量居全国之首。

（5）海洋能源及可再生资源开发潜力大，但陆地能源储量少

琼州海峡和北部海域潮汐能和潮流能具有较大开发价值，年发电量可达 10.8 亿 kW·h；该区是我国光热资源最丰富的地区之一，可再生光热资源开发潜力很大。但陆地一次常规能源资源探明储量较少。

（6）旅游资源丰富

旅游资源涵盖了跨国海湾、海岛海岸、边关风情、生态山水、民风民俗、历史文化等多种类型。其中，自然类旅游资源有 351 种，约占旅游资源种类的 23.7%；人文类旅游资源有 1132 种，约占 76.3%。

1.2　研究目标

结合遥感、地面调查与资料收集，调查北部湾经济区资源开发强度、生态系统格局，分析经济活动带来的生态环境的问题以及各类生态环境问题严重性程度的时空变化特征，反映北部湾经济区重点产业与资源环境协调发展情况，总结北部湾经济区发展格局变化与历史开发经验。在此基础上，评价北部湾经济区生态环境各方面特征和质量状况及十年变化。重点明确以下几个方面。

1）分析北部湾经济区经济与产业发展历程；
2）调查北部湾经济区生态系统格局、资源开发强度及其十年变化；
3）分析北部湾经济区生态环境质量及问题；
4）北部湾经济区的生态环境胁迫问题；
5）北部湾经济区的生态环境问题及对策。

1.3　区域生态环境问题分析

1.3.1　环境污染问题

北部湾经济区的环境污染问题主要表现为大气污染、水体污染及土壤环境污染。

（1）大气污染

由于城市城区内工业发展过于集中，大气污染浓度高值区主要出现在城市市区范围（刘飞，2015），广大的乡村地区浓度较低。另外，珠江三角洲位于北部湾区域的上风向，其排放的污染物会影响北部湾区域的空气质量（赵伟等，2011）。SO_2、NO_2、PM_{10}污染主要集中在南宁市和北部湾经济区东西两翼，但能达到二级标准；海南西部浓度低，能达到一级标准。比较而言，PM_{10}污染相对较重，SO_2次之，NO_2较轻。近10年来，区域的能源消耗与GDP同步增长，带动区域大气污染排放量逐年上升（肖涛，2011）；区域年主导风为东北气流，冬春季常在东西部和北部形成静止锋，较易形成酸雨，酸雨频率达到35%～93.5%；酸雨类型为硫酸、硝酸的混合型；酸雨污染具有跨区域特征，但本地排放是其主要成因，外地输送是其次要成因。北部和东西部城市已出现10%左右的灰霾频率，南宁市相对严重；气体污染物转化成细粒子对灰霾形成具有重要贡献；$PM_{2.5}$样本化学组分分析表明，SO_2、NO_X、挥发性有机物排放占$PM_{2.5}$的50%～70%。北部湾经济区2007年NO_2、SO_2、PM_{10}的年浓度模拟如图1-5所示。

（2）水体污染

随着北部湾经济的迅速发展，工农业的污水废水排放量不断增加，出现城镇污水处理率低和过度利用土地等现象，部分流经城镇河段的水质恶化，大多数水库的水质也受到影响，营养化程度越来越严重（王晓辉等，2010）。总体而言，水体主要受到氮磷营养盐和大肠菌群等的污染。其中，因受总氮重度污染，鉴江米急渡、江口门段，袂花江飞马桥段、小东江山阁、镇盛段、石碧段、南渡江攀丹段、海甸溪以及钦江的横丰段等河段水质出现劣V类；因受粪大肠菌群重度污染，南宁的西郊、中尧等水源地水质出现过劣V类。北部湾区域地表水环境质量现状如图1-6所示。

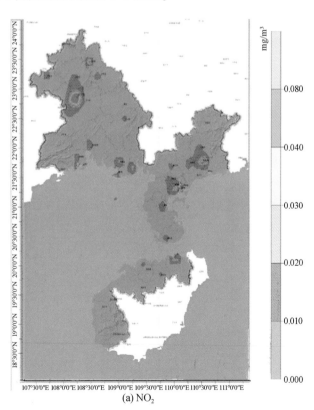

(a) NO_2

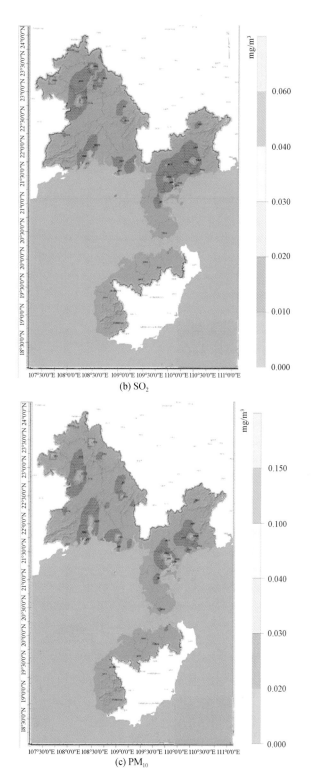

(b) SO₂

(c) PM₁₀

图 1-5　北部湾经济区 2007 年 NO₂、SO₂、PM₁₀ 年浓度模拟

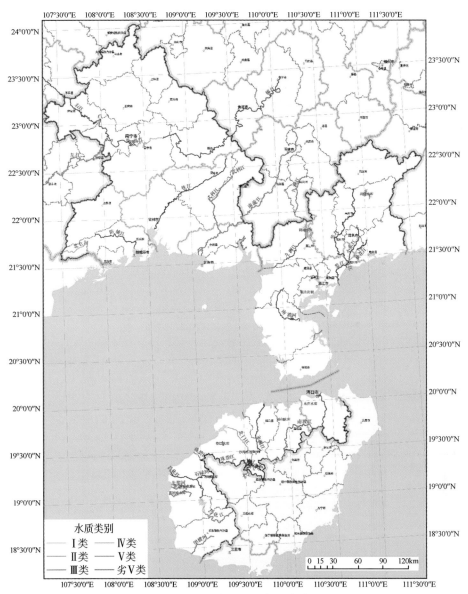

图 1-6　北部湾经济区地表水环境质量现状

（3）土壤环境污染

重金属污染不仅能够引起土壤的组成、结构和功能的变化，还能够抑制作物根系生长和光合作用，致使作物减产甚至绝收。更为重要的是，重金属还可能通过食物链迁移到动物和人体内，严重危害动物和人体的健康（宋伟等，2013）。北部湾经济区土壤重金属含量保持清洁状态。重金属污染情况总体相对较轻，但局部受到污染（李杰等，2013），如广西片区土壤监测点位出现重金属和有机污染物超标。

1.3.2　土地资源相对有限、沿海红树林湿地退化

由于北部湾经济区平均可利用土地资源量仅为 $16km^2$/万人，填海造陆工程将会加速破坏自然岸线和沿海滩涂，导致栖息地的破碎化加快，这将影响沿海地区密集分布的各类自然保护区、水产资源保护区和风景名胜区等，致使大型海藻场、天然红树林面积减少，珊瑚礁的覆盖度和健康度进一步下降（图1-7）。

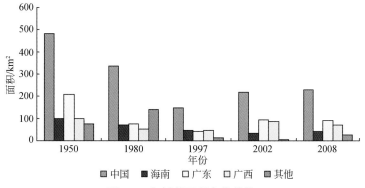

图1-7　红树林面积变化趋势

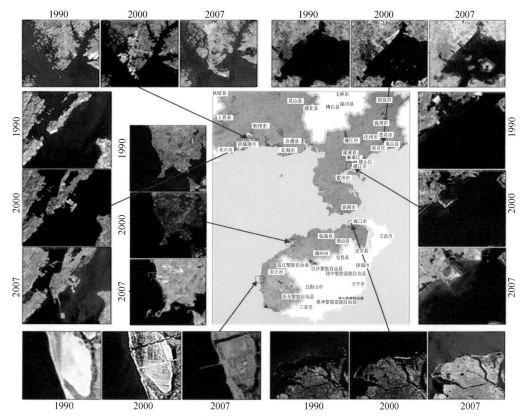

图1-8　北部湾经济区海岸线主要利用变化（1990～2007年）

1.3.3 天然林退化

北部湾经济区树种较为单一，森林生态系统趋于简单化，沿海区域人工植被所占比例较大，生态系统功能有所降低，天然林郁闭度降低，由20世纪50年代的0.8下降到目前的0.4~0.5，生物多样性下降趋势明显。目前树种主要为橡胶林、马尾松、桉树等，物种较为单一；防护林所占比例偏低，部分海防林地段出现断带（图1-8）。

1.3.4 水资源利用效率低，局部地区资源性和水质型缺水严重

北部湾经济区水资源总量较丰富，但时空分布不均匀，水资源调控能力不足，大中型以上有一定调节能力的蓄水工程的兴利库容仅占该区域多年平均径流量的12%左右，沿海水资源开发利用难度大。需水急剧增加，供水安全保障压力大。区域用水结构不合理，整体水资源利用效率较低，2007年万元GDP用水量为341m³、万元工业增加值用水量为118m³。部分流域水污染呈加剧态势，局部水生态环境恶化，水资源配置效率低下。

1.3.5 北部湾经济区的特征生态环境问题

综上所述，北部湾经济区目前的特征生态环境问题包括以下方面。
1）局部地区酸雨问题相对突出；
2）灰霾污染初显端倪；
3）部分地表水的有机类污染严重；
4）局部土壤受到污染；
5）土地资源相对有限、沿海红树林湿地退化；
6）天然林退化；
7）水资源利用效率较低，局部地区资源性缺水和水质型缺水严重。

1.4 主要研究内容

在数据收集和空间化的基础上，结合项目组下发的土地利用遥感解译数据，包括植被净初级生产力（NPP）、叶面积指数（LAI）、生物量（Biomass）等定量遥感反演陆地生态数据，开展北部湾经济区生态系统构成与格局、生态承载力、生态环境质量、生态环境胁迫、开发强度5个方面的十年变化分析，并结合北部湾经济区的经济发展规划定量评价了北部湾经济区资源开发和产业发展对生态环境的影响，提出了相应的生态环境保护和管理对策建议。

1.5 主要调查评价指标

为了充分了解北部湾经济区的各方面特征，科学地、客观地评价北部湾经济区的生态

系统格局、生态质量状况和不同经济模式的生态环境问题，建立了 6 套指标体系：经济发展指标体系、生态系统格局指标体系、生态环境质量指标体系、生态环境胁迫指标体系、生态环境问题指标体系和资源环境承载力指标体系。通过 2000 年—2005 年—2010 年遥感解译和统计数据的搜集，调查经济区主要生态环境质量现状及其经济发展的生态环境效应指标，主要调查指标包括：生态系统的类型、面积、比例、分布及变化，经济发展指数，生态质量指数，生态环境胁迫指数，生态环境问题指数，资源环境承载力指数。

1.5.1 调查指标体系

根据调查和评价目标，从自然条件、社会经济与资源、生态系统格局、生态环境胁迫、生态环境问题 5 个方面选择调查指标，以充分了解北部湾经济区生态系统及环境质量的各方面特征，建立北部湾经济区生态环境信息基础数据库，为北部湾经济区生态环境变化及其驱动力分析、经济区生态环境问题辨识、生态环境管理政策和制度建设提供基础性信息支撑（表1-1）。

表 1-1　北部湾经济区生态环境状况调查内容与指标

序号	调查内容	调查指标	数据来源
1	自然条件	①年均气温；②年最高气温；③年最低气温；④月平均气温；⑤月最高气温；⑥月最低气温	气象局（县级）
		①年均降雨量；②月均降雨量；③多年平均降雨量；④逐月多年平均降雨量	气象局、地面气象站监测数据（县级各站点）
		①地表净辐射；②土壤热通量；③感热通量和蒸发比	联合 TM 和 NOAA 数据计算不同下垫面的蒸发散
		①地表水资源量（主要河流年均水位与流量；湖泊水位；水库水位和库容）；②地下水资源量	水资源公报（市级）
		①主要河流、湖泊、水库水位与流量（年均、逐月）；②不同生态系统年径流深	水资源公报（市级）
2	社会经济与资源	行政区土地面积	统计年鉴（市级/县级）、土地利用现状变更表（市级）
		①人口总数；②城市与乡村人口；③户籍与常住人口	统计年鉴（市级/县级）
		①国民生产总值；②分产业产值与结构；③重点产业产值和产能*	统计年鉴（市级/县级）、年鉴（市级/县级）、政府工作报告
		城市建成区面积及分布	统计年鉴（市级/县级）、遥感数据
		①用水总量；②分行业用水量	统计年鉴（市级/县级）、水资源公报（市级）
		能源消费总量：第一产业，第二产业，第三产业	统计年鉴（市级/县级）、能源年鉴
		耕地面积及分布	遥感数据、土地利用现状变更表（市级）

续表

序号	调查内容	调查指标	数据来源
3	生态系统格局	①森林、草地和湿地斑块面积；②森林、草地和湿地斑块数量；③自然保护区、饮用水源保护区等数量与面积*	遥感数据、饮用水源保护区报告/图集（省级）、自然保护区报告/图集（省/市/县区级）
4	生态环境胁迫	①重点产业 SO_2 排放量*；②重点产业 COD 排放量*	环境统计上报系统数据、环境质量报告书（市级/县级）
		①工业废水排放量，生活废水排放量；②工业 COD 排放量，生活 COD 排放量；③工业氨氮排放量，生活氨氮排放量	环境统计上报系统数据、环境质量报告书（市级/县级）
		①工业废气排放量，生活废气排放量（无权威统计）；②工业烟尘排放量，生活烟尘排放量（无权威统计）；③工业粉尘排放量；④工业氮氧化物排放量，生活氮氧化物排放量；⑤工业 SO_2 排放量，生活 SO_2 排放量（无权威统计）；⑥工业 CO_2 排放量（无权威统计），生活 CO_2 排放量（无权威统计）	环境统计上报系统数据、环境质量报告书（市级/县级）
		①工业固体废物排放量；②生活垃圾排放量	环境统计上报系统数据、环境质量报告书、环卫规划（市级/县级）
5	生态环境问题	①不同程度风蚀土壤侵蚀面积与分布；②不同程度水蚀土壤侵蚀面积与分布，不同程度草地退化面积与分布，不同程度石漠化面积与分布；③空气环境监测站点分布；④各站点主要空气污染物浓度，包括 SO_2 浓度、NO_2 浓度、PM_{10} 浓度等（监测值主要为年平均与季节平均）；⑤国控、省控、市控河流监测断面水质与级别（常规监测各项指标有 pH、溶解氧、高锰酸盐指数、BOD_5、氨氮、石油类、挥发酚、汞、铅等，一般一年监测四次）；⑥湖泊水质（一般一年监测四次）；⑦河流和湖泊水功能与水质目标；⑧酸雨频率及其空间分布特征（一般无空间分布）；⑨酸雨年均 pH 及其空间分布特征（一般无空间分布）；⑩土壤污染物含量*	遥感数据；环境统计上报系统数据、环境质量报告书；省级水环境功能区划；全国土壤污染状况调查数据

* 为新增指标。

1.5.2　评价指标体系

　　在调查指标的基础上，筛选一定数量的指标或组建一定数量的新指标来评价北部湾经济区的生态环境综合质量及其效应。指标框架包括经济发展、生态系统格局、生态环境质量、生态环境胁迫、生态环境问题和资源效率6个方面（表1-2）。

表 1-2　北部湾经济区生态环境评估内容与指标

序号	评价目标	评价内容	评价指标	数据来源
1	社会经济发展	发展水平	人均 GDP	统计年鉴（市级/县级）
		经济密度	单位土地面积 GDP	统计年鉴（市级/县级）
		城镇化率	城镇人口比例	统计年鉴（市级/县级）
2	生态系统格局	生态系统类型与结构	各生态系统类型面积构成	遥感数据
		生态系统格局	斑块密度	遥感数据
3	生态系统质量	植被覆盖度	NDVI	遥感数据
		相对生物量密度	单位面积生物量与所在生态区顶级群落单位面积生物量的比值	遥感数据
4	资源环境效率	水资源利用效率	单位 GDP 水耗（不变价）、工业产值水耗*、万元工业增加值水耗*	统计年鉴（市级/县级）
		能源利用效率	单位 GDP 能耗（不变价）、工业产值能耗*、万元工业增加值能耗*	统计年鉴（市级/县级）
		污染物排放强度	单位 GDP CO_2 排放量（无权威统计）、单位 GDP SO_2 排放量（只有工业）、单位 GDP COD 排放量（只有工业源与生活源，没有面源）、万元工业增加值 COD 排放量*、万元工业增加值氨氮排放量*、万元工业增加值 SO_2 排放量*、万元工业增加值 NO_x 排放量*	环境统计上报系统数据、环境质量报告书（市级）
5	生态环境问题	土地退化率	不同程度石漠化、盐碱化、草地退化、荒漠化、水土流失等退化面积比例	遥感数据
		酸雨频度	年均降雨 pH*，酸雨年发生频率	环境统计上报系统数据、环境质量报告书
6	生态环境胁迫	人口密度	单位面积人口数量	统计年鉴（市级/县级）
		水资源开发强度	用水量占可利用水资源总量的比例*	统计年鉴（市级/县级）、水资源公报（市级）
		能源利用强度	单位国土面积能源消费量	统计年鉴（市级/县级）
		大气污染物排放	空气质量达二级标准的天数*；单位国土面积工业 SO_2 排放量、单位国土面积工业 NO_x 排放量、单位国土面积工业烟粉尘排放量*；单位 GDP CO_2 排放量（无权威统计）*、单位 GDP 工业 SO_2 排放量*；单位建设用地面积 CO_2 排放量*（无权威统计）、单位建设用地面积工业 SO_2 排放量*、单位建设用地面积工业烟粉尘排放量*	环境统计上报系统数据、环境质量报告书（市级/县级）、环境质量状况公报（市级）

续表

序号	评价目标	评价内容	评价指标	数据来源
6	生态环境胁迫	水污染物排放	河流监测断面中Ⅰ～Ⅲ类水质断面比例*；湖库湿地面积加权富营养化指数*；单位 GDP COD 排放量*（工业源与生活源，无面源）；单位国土面积 COD 排放量（工业源与生活源，无面源）；单位建设用地面积 COD 排放量*（工业源与生活源，无面源）	环境统计上报系统数据、环境质量报告书
		土壤质量	土壤污染程度*	全国土壤污染状况调查数据
		交通网络密度	单位国土面积交通路线长度	矢量数据

* 为新增指标。

1.5.3　北部湾经济区特征环境问题调查评价指标

特征生态环境问题对应的指标见表1-3。

表 1-3　北部湾经济区特征生态环境问题调查与评价指标

序号	主要生态环境问题	调查指标	评价指标
1	局部地区酸雨问题相对突出；灰霾污染初显端倪	酸雨频率及其空间分布特征；酸雨年均 pH 及其空间分布特征；各站点主要空气污染物浓度，包括 SO_2 浓度、NO_2 浓度、PM_{10} 浓度等；工业和生活废气、烟尘、粉尘、氮氧化物、CO_2 和 SO_2 排放量	年均降雨 pH*、酸雨年发生频率；空气质量达二级标准的天数*；单位 GDP CO_2 排放量*、单位 GDP SO_2 排放量*；单位国土面积 NO_x 排放量、单位国土面积 SO_2 排放量、单位国土面积烟粉尘排放量*；单位建设用地面积 CO_2 排放量*、单位建设用地面积 SO_2 排放量*、单位建设用地面积烟粉尘排放量*
2	部分地表水的有机类污染严重	河流监测断面水质与级别；湖泊水质；河流和湖泊水功能与水质目标；工业和生活废水、COD 和氨氮排放量	河流监测断面中Ⅰ～Ⅲ类水质断面比例*；湖库湿地面积加权富营养化指数*；单位 GDP COD 排放量*；单位国土面积 COD 排放量*；单位建设用地面积 COD 排放量*
3	局部土壤受到污染	土壤污染物含量*	土壤污染程度*
4	土地资源相对有限、沿海红树林湿地退化	自然保护区、饮用水源保护区等数量与面积*；城市建成区面积及分布	各生态系统类型面积构成、人均可利用土地面积*
5	天然林退化	森林、草地和湿地斑块面积与数量	各生态系统类型面积构成、斑块密度、NDVI、相对生物量密度
6	水资源利用效率较低，局部地区资源性缺水和水质型缺水严重	地表水资源量、社会用水量、分行业用水量	人均地表水资源量*、万元 GDP 用水量*、万元工业增加值用水量*、用水量占可利用水资源总量的比例

* 为新增的调查和评价指标。

1.5.4　指标的含义和计算方法

1. 自然条件指标

蒸发散量包括蒸腾和蒸发两部分。蒸发散量是生态系统环境净化/面源污染控制功能评价中需要用到的重点参数。其计算方法采用 ETWatch 方法，反演地表蒸发散（吴炳方等，2009）。

2. 生态质量评价指标

（1）植被覆盖度

针对区域绿色植物覆盖状况，计算方法如下。

$$F_{c} = \frac{NDVI - NDVI_{soil}}{NDVI_{veg} - NDVI_{soil}}$$

式中，F_{c} 为植被覆盖度；NDVI 为通过遥感影像近红外波段与红光波段的发射率来计算的值；$NDVI_{veg}$ 为纯植被像元的 NDVI 值；$NDVI_{soil}$ 为完全无植被覆盖像元的 NDVI 值。

（2）不同类型、不同程度的水土流失土地面积与分布

通过平均侵蚀模数和平均流失厚度两个指标评价水土流失的强度（万方秋和丘世钧，2003）。评价标准采用水利部《土壤侵蚀分类分级标准》（SL 190—2007），分微度、轻度、中度、强度、极强度、剧烈六级进行评价，评价标准见表1-4。

表 1-4　水蚀强度级别分级标准（面蚀）

级别	平均侵蚀模数/［t/(km² · a)］	平均流失厚度/(mm/a)
微度	<500	<0.37
轻度	500~2 500	0.37~1.9
中度	2 500~5 000	1.9~3.7
强度	5 000~8 000	3.7~5.9
极强度	8 000~15 000	5.9~11.1
剧烈	>15 000	>11.1

注：不同区域的阈值稍有不同。平均侵蚀模数代表每年每平方千米的土壤流失量。

（3）相对生物量密度

相对生物量密度为基于像元（森林、草地、湿地、荒漠）的生态系统生物量与该生态系统类型最大生物量的比值，其计算方法如下。

$$RBD_{ij} = \frac{B_{ij}}{CCB_{j}} \times 100\%$$

式中，RBD_{ij} 为 j 生态系统中 i 像元的相对生物量密度；B_{ij} 为 j 生态系统中 i 像元的生物量，

通过遥感影像获得；CCB_j 为 j 生态系统顶级群落各像元的生物量，运用生态系统长期定位观测数据或样地调查数据。

1）方法一：回归法。植被指数被证实与植被生物量具有较好的关系（杨婷婷，2013），因而可以通过植被指数-生物量回归法估算生物量，即根据各样方的森林、草地生物量干重和其对应的基于遥感数据的 NDVI、EVI 等植被指数值，通过建立两者之间的线性模型或非线性模型来反演森林、草地生态系统的生物量，具体植被指数及回归模型的选择取决于模型拟合及验证结果。

基本参数与数据来源如下。

参数一：生物量。

来源：地面观测。

计算及获取方法：通过设置森林、草地样地，调查单位面积内地上生物量干重，样地设置与调查方法可参见野外调查部分。

参数二：植被指数。

来源：MODIS 陆地二级标准数据产品。

计算及获取方法：MODIS 陆地二级标准数据产品（MOD13）可以从 NASA 的数据分发中心免费下载。网址为 http：//ladsweb. nascom. nasa. gov/，包括 250m 的 NDVI 与 EVI。

2）方法二：累积 NPP 法。对于草地、农田生态系统来说，其生物量的估算可以采用累积 NPP 法进行估算，即通过草地或农田的生长期（开始生长时间与结束生长时间）的确定，对生长期内的 NPP 进行累加以计算地上生物量（肖洋等，2016）。

基本参数与数据来源如下。

参数一：NPP。其为单位时间内累积的净初级生产力，可通过上述 NPP 估算方法进行求取。

$$NPP = APAR(t) \times \varepsilon(t)$$

参数二：开始生长时间和结束生长时间。需要根据不同的地区进行相应的调查，或者通过监测区域时间序列 NDVI 数据的设定阈值进行判断获取。

参数三：收获指数。对于农田来说，如果想获取粮食产量，在获取地上生物量的基础上，还要获取收获指数，收获指数主要根据作物类型通过文献调研的方法获取。

（4）人均植被覆盖

人均植被覆盖指城市化区域内所有人口每人拥有的植被面积，根据植被覆盖度和总人口计算。

3. 环境质量评价指标

（1）河流监测断面水质优良率

水质优良率指河流监测断面中 Ⅰ～Ⅲ 类水质断面数占总监测断面数的百分比，反映河流生态系统受到的污染状况。

（2）主要湖库湿地面积加权富营养化指数

湖库湿地面积加权富营养化指数用来评价各省份湖库生态系统受到的污染状况，其计算方法如下。

$$
\mathrm{WEI}_i = \frac{\sum\limits_k \mathrm{EI}_{ik} \times A_{ik}}{\sum\limits_k A_{ik}}
$$

式中，WEI_i 为第 i 市湖库加权富营养化指数；EI_{ik} 为第 i 市第 k 湖富营养化指数，为环境监测数据；A_{ik} 为第 i 市第 k 湖面积，由遥感影像获得。

（3）空气质量二级达标天数比例

空气质量达到二级标准的天数占全年天数的百分比。

（4）酸雨强度与频度

酸雨强度指年均酸雨 pH，酸雨频度指酸雨年发生频率。

4. 资源利用效率评价指标

（1）水资源利用效率

水资源利用效率指单位 GDP 的用水量。

（2）能源利用效率

能源利用效率指单位 GDP 的能源消耗量。

5. 生态环境胁迫评价指标

（1）水资源开发强度

水资源开发强度指用水量占可利用水资源总量的百分比。

（2）能源利用强度

能源利用强度指单位国土面积的能源消耗量。

（3）CO_2 排放状况

CO_2 排放状况包括 CO_2 排放强度和单位 GDP 的 CO_2 排放量，CO_2 排放强度指单位地区面积的 CO_2 排放强量。

（4）COD 排放状况

COD 排放状况包括 COD 排放强度和单位 GDP 的 COD 排放量，COD 排放强度指单位地区面积的 COD 排放强量。

（5）SO_2 排放状况

SO_2 排放状况包括 SO_2 排放强度和单位 GDP 的 SO_2 排放量，SO_2 排放强度指单位地区面积的 SO_2 排放强量。

（6）氨氮排放状况

氨氮排放状况包括氨氮排放强度和单位 GDP 氨氮排放量，氨氮排放强度指单位地区面积的氨氮排放强量。

（7）氮氧化物排放状况

氮氧化物排放状况包括氮氧化物排放强度和单位 GDP 氮氧化物排放量，氮氧化物排放强度指单位地区面积的氮氧化物排放强量。

1.6 数 据 源

1.6.1 遥感数据

遥感数据见表1-5。

表1-5 遥感数据

卫星种类	分辨率/m	时相	区域
环境卫星/TM	30	2000年、2005年、2010年	北部湾经济区

1.6.2 土地利用数据

土地利用数据见表1-6。

表1-6 土地利用数据

分类级数	分辨率/m	时相	区域
二级	30	2000年、2005年、2010年	北部湾经济区

1.6.3 遥感反演参数

遥感反演参数见表1-7。

表1-7 遥感反演参数

名称	分辨率/m	时相
植被指数	30	2000年、2005年、2010年
植被覆盖度	30	2000年、2005年、2010年
生物量	30	2000年、2005年、2010年

1.6.4 统计数据

统计数据见表1-8。

表 1-8　统计数据

名称	时间/年	数据来源
国土面积	2000 ~ 2010	统计年鉴等
人口	2000 ~ 2010	统计年鉴等
城市化水平	2000 ~ 2010	统计年鉴等
GDP	2000 ~ 2010	统计年鉴等
工业、服务业 GDP	2000 ~ 2010	统计年鉴等
全社会用水量	2000 ~ 2010	统计年鉴等
水资源总量	2000 ~ 2010	统计年鉴等
地表水资源总量	2000 ~ 2010	统计年鉴等
全社会能源利用量	2000 ~ 2010	统计年鉴等
固废排放量	2000 ~ 2010	统计年鉴等

1.6.5　其他数据

环境质量等其他数据来源见表 1-1 ~ 表 1-3。

第2章 研究技术路线和方法

开展北部湾经济区生态遥感调查,旨在掌握区域生态格局和生态环境质量,分析区域生态环境胁迫和生态环境问题,为区域重点产业与资源环境协调发展的管理提供支撑依据。本章提出了研究的技术方法和路线,主要包括遥感数据分析、经济与产业发展历程与特征分析、生态环境质量综合评价、经济发展的资源环境效率评价、经济发展生态环境效应评价,生态环境问题形成与发展的关键驱动力辨识等方法,构建了生态环境状况调查评价技术路线。

2.1 遥感数据分析方法

遥感数据主要用来分析生态系统类型及比例。以北部湾经济区生态系统分类系统为基础,通过遥感数据解译,获取各生态系统类型的面积、比例、分布及 2000 年—2005 年—2010 年变化状况。根据分类二级标准进行统计面积和比例。2000 年—2005 年—2010 年生态系统类型变化使用转移矩阵分析方法。

2.2 经济发展及其对生态环境影响的分析与评价方法

2.2.1 北部湾经济区经济与产业发展历程和特征分析

以国家公布的统计数据为基础,回顾 2000~2010 年北部湾经济区产业发展的社会经济背景,分析北部湾经济发展历程,确定区域重点产业,计算区域重点产业的资源环境效率水平变化。重点产业的筛选原则如下:①环境影响较大,如能源、化工、石化、冶金、造纸、建材等;②经济贡献比重较大,产值占区域工业总产值的比例超过 5%;③未来发展的重点方向。

2.2.2 生态系统与环境质量状况及十年变化

建立北部湾经济区生态环境质量评价方法与指标,对 2000 年、2005 年和 2010 年北部湾经济区的生态环境质量进行综合评价。主要评价方法为单指标分级法和综合指标法,综合指标权重通过层次分析方法确定。通过分析和对比北部湾经济区在不同年份的生态环境质量,获取北部湾经济区生态环境质量十年间的变化,总结和阐明北部湾经济区生态环境质量特征及演变，并对经济发展过程中产生的共性生态环境问题和特性生态环境问题进行分析。不同年份之间生态环境质量的对比研究主要采用生态系统类型面积和百分比统计方法，生态系统转移矩阵分析方法，以及生态系统动态度、变化速度等指数分析方法。

2.2.3 经济发展的资源环境效率变化

利用统计年鉴、环境统计数据和污染源调查数据，补充调查有关的资源环境利用效率资料。构建产业资源环境效率评价指标体系，以全国平均水平或特定地区的资源环境效率指标为基准，对北部湾经济区产业发展带来的资源和能源消耗水平、污染排放进行现状和历史评价。

2.2.4 经济发展生态环境效应

主要分析方法如下：①相关性和回归分析方法。采用相关性分析衡量生态环境效应指标与经济发展水平之间的相互关系；利用多元回归分析方法研究经济发展水平对不同生态环境指标影响的程度，量化经济发展生态环境效应。②建立生态环境胁迫指数，量化经济增长对生态环境的胁迫效应。

2.2.5 经济发展生态环境问题及对策

分析北部湾经济区的生态环境问题，辨识北部湾经济区生态环境问题形成与发展的关键驱动力，提出相应的生态环境管理对策。主要方法为归纳法。

选取生态环境胁迫、生态环境问题和资源效率中各指标的标准化值和指标权重，采用加权评价法构建 4 个指数：生态环境胁迫指数（eco-environmental stress index，EESI）、生态环境问题指数（eco-environmental problem index，EEPI）、资源效率指数（resource efficiency index，REI）、特征生态环境问题综合指数（special eco-environmental problem index，SEPI），以反映经济区生态环境状况和经济发展的生态环境效应。指标理想值的确定、标准化和指标赋权按全国及各省生态环境质量评价方法执行。

（1）生态环境胁迫指数

用生态环境胁迫指标体系中水资源开发强度、能源利用强度、CO_2 排放强度、COD 排放强度、SO_2 排放强度、氨氮排放强度、单位国土面积 GDP、人口密度 8 个指标以及各指标在该主题中的相对权重，构建资源效率指数，用来反映区域生态环境受胁迫状况。

$$EESI_i = \sum_{j=1}^{n} w_j r_{ij}$$

式中，$EESI_i$ 为第 i 地区生态环境胁迫指数；w_j 为各指标相对权重（均权法）；r_{ij} 为指标体系中第 i 地区第 1 到第 8 个指标的标准化值。

（2）生态环境问题指数

用指标体系中生态环境问题主题中的严重退化土地面积占区域面积的百分比和酸雨强度两个指标和各指标在该主题中的相对权重（均权法），构建生态环境问题指数，用来反映各区域生态环境质量状况。

$$EEPI_i = \sum_{j=1}^{n} w_j r_{ij}$$

式中，$EEPI_i$ 为第 i 地区生态环境问题指数；w_j 为各指标相对权重（均权法）；r_{ij} 为指标体系中第 i 地区第 1 到第 2 个指标的标准化值。

（3）资源效率指数

用指标体系中资源效率主题中水资源利用效率和能源利用效率两个指标和各指标在该主题中的相对权重（均权法），构建资源效率指数，用来反映各区域资源利用效率状况。

$$REI_i = \sum_{j=1}^{n} w_j r_{ij}$$

式中，REI_i 为第 i 地区资源效率指数；w_j 为各指标相对权重；r_{ij} 为指标体系中第 i 地区第 1 到第 2 个指标的标准化值。

（4）特征生态环境问题综合指数

针对北部湾经济区局部地区酸雨问题相对突出、灰霾污染初显端倪、部分地表水的有机类污染严重、局部土壤受到污染、土地资源相对有限、沿海红树林湿地退化、天然林退化、水资源利用效率较低、局部地区资源性缺水和水质型缺水严重等特征生态环境问题，根据各指标及各自权重（均权法），构建特征生态环境质量综合指数，用来分析各市城市化的特征生态环境效应时空变化。

$$UEEI_i = \sum_{j=1}^{n} w_j r_{ij}$$

式中，$UEEI_i$ 为第 i 地区经济发展的特征生态环境质量综合指数；w_j 为各指标相对权重；r_{ij} 为第 i 市各指标的标准化值。

2.3 技术路线

分析北部湾经济区生态系统与环境质量状况，明确 2000～2010 年北部湾经济区生态系统格局与环境质量的变化，评价 2000～2010 年北部湾经济区的生态环境综合质量、已有经济发展模式的生态环境效应，提出在此经济发展模式下的生态环境问题及对策（图 2-1）。

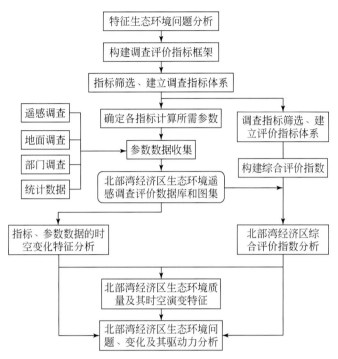

图 2-1　北部湾经济区生态环境状况调查评价技术路线

第3章 | 区域经济和产业发展历程

北部湾经济区既有我国少数民族人口最多的自治区，又是国家开发南海的战略前沿，同时还拥有较丰富的土地、水和矿产等资源，发展条件好、潜力大、优势强。本章主要分析了区域经济发展总体概况、经济发展态势和重点产业发展情景。

北部湾经济区是面向东南亚国家联盟（以下简称东盟）的重要门户，西南腹地的出海大通道，是中国与东盟的结合部；既是西南地区最便捷的出海大通道，又是中国通向东盟的陆路、水路要道；在中国–东盟、泛北部湾、泛珠三角等国际国内区域合作中具有不可替代的战略地位和作用。北部湾经济区位于"中国–东盟自由贸易区""泛珠三角区域合作区""广西北部湾经济区""海南国际旅游岛建设区""西部大开发地区""大湄公河次区域经济合作区"六大国家战略的交汇地，拥有国家战略政策集聚优势，已成为国家开放开发的重点地区和中国最具发展潜力的地区。

长期以来，区域整体发展水平不高，经济发展处于全国中下游水平。20世纪90年代中期以来，开始持续平稳发展，经过多年尤其近年来的快速发展，目前已具备一定的经济基础。由表3-1可知，2007年区域生产总值为0.45万亿元，占三省区的11.48%；人均GDP为1.4万元，低于全国平均水平1.89万元，与珠三角和长三角相去甚远。2007年区域总人口约为3209万人，占三省区的20.97%；城镇化率约为32.39%。

表3-1 2007年北部湾经济区特征与珠三角、长三角和全国的对比

项目	广东片区	广西片区	海南片区	区域小计	粤、桂、琼三省区	珠三角	长三角	全国
土地面积/万 km²	2.39	4.25	1.55	8.21	45.28	5.5	11	960
常住人口/万人	1 461.40	1 279.14	469.14	3 209	15 300	4 680	8 876	132 129
GDP/万亿元	0.19	0.18	0.08	0.45	3.92	2.60	4.70	24.70
人均 GDP/万元	1.30	1.40	1.70	1.40	2.56	5.72	5.58	1.89
GDP 增速/%	13.20	22.85	19.69	18.40	19.50	23.8	17.7	16.0

3.1 经济发展总体概况

3.1.1 GDP概况

20世纪80年代以来，北部湾经济区经济发展迅速，经济总量逐年提高，尤其是90年代以来，经济增长迅速。1996~2007年，其经济总量由1292.20亿元增长到4491.38亿

元，增长了近 3 倍。其中，广西片区经济总量由 516.27 亿元（1996 年）增长到 1778.79 亿元（2007 年），广东片区经济总量由 544.38 亿元（1996 年）增长到 1917.16 亿元（2007 年），海南片区经济总量由 231.55 亿元（1996 年）增长到 795.43 亿元（2007 年）。广东片区和广西片区经济总量增长速度基本齐头并进，海南片区增速稍缓，但也是稳步提升（图 3-1）。北部湾经济区各片区经济总量占各省区比例趋势如图 3-2 所示，海南片区的增速虽然与广东和广西片区相比比较缓慢，但是它占海南省经济总量的比例却相当大，超过了 60%，而且从 2003 年开始，这个比例还在持续升高。

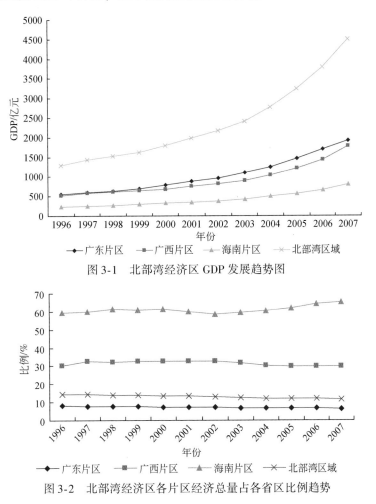

图 3-1　北部湾经济区 GDP 发展趋势图

图 3-2　北部湾经济区各片区经济总量占各省区比例趋势

3.1.2　工业发展概况

北部湾经济区工业发展迅速，工业规模迅速扩大，工业总产值逐年增加，工业的主导地位基本确立。如图 3-3 所示，2007 年北部湾经济区工业总产值达到 5253.24 亿元，其中广西片区为 1778.79 亿元，占区域工业总产值的 33.86%；广东片区为 2529.51 亿元，占区域工业总产值的 48.15%；海南片区为 944.94 亿元，占区域工业总产值的 17.99%。从历史趋势来看，北部湾经济区工业总产值逐年增加，从 2000 年的 1674.58 亿元增加到 2007 年的 5253.24 亿元，增长了 2 倍多。其中广西片区增长了 1.98 倍，广东片区增长了 1.78 倍，海南片区增长了 4.68 倍。

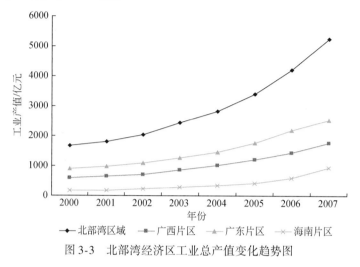

图 3-3　北部湾经济区工业总产值变化趋势图

3.1.3　经济结构概况

区域三次产业结构不断优化，第二产业和第三产业逐步成长为经济增长的支柱。如图 3-4 所示，三次产业结构由 1995 年的 31.46：35.00：33.54 调整到 2007 年的 19.54：39.68：40.78。第一产业所占比例逐步缩小；第二产业经过一段时间的下降，2000 年后又逐年上升；第三产业逐年上升。

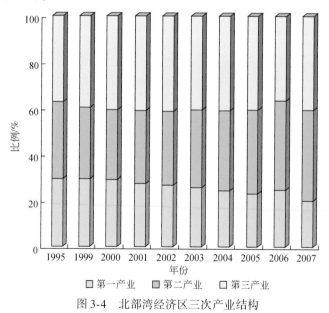

图 3-4　北部湾经济区三次产业结构

3.1.4　产业发展概况

目前北部湾经济区共有产业集聚区 40 个，其中国家级工业区为 8 个，省级工业区为 32 个。集聚区中经国家发展和改革委员会、国土资源部和建设部审核的为 35 个，未批准的为 5 个。2007 年，集聚区工业总产值为 2558.75 亿元，占北部湾经济区工业总产值的 66.54%，其中南宁高新技术产业开发区、茂名石化工业区、洋浦经济技术开发区、海南国际科技工业园、海南海口保税区等产业集聚区发展态势良好，2007 年工业总产值超过百亿元。总体而言，北部湾经济区产业发展呈点状分散发展，集聚区带动作用明显。

3.2　区域经济发展态势

3.2.1　国家发展战略

近期，国务院先后批复了《广西北部湾经济区发展规划（2006—2020）》、《国务院关于进一步促进广西经济社会发展的若干意见》（国发〔2009〕42 号）、《珠江三角洲地区改革发展规划纲要（2008—2020）》、《国务院关于推进海南国际旅游岛建设发展的若干意见》（国发〔2009〕44 号），这表明国家发展意志坚决。

在国家发展战略的指引下，该区发展意愿强烈。粤、桂、琼三省区相继出台了针对该区的有关经济建设和产业发展规划。目前该区域省级以上规划建设的重点产业集聚区达 40 个（其中 23 个临海）以上，地方的规划建设大大超过国家规划发展规模。从总体上看，区域产业发展进入快速发展期，北部湾区域必将成为我国沿海发展的新一极。

3.2.2　重大发展机遇

中国–东盟博览会、重要国际区域经济合作区、西部大开发、泛珠三角区域合作、珠三角的产业转型以及西部大开发的政策优势将极大地促进北部湾地区经济的快速发展。此外，海南国际旅游岛政策的出台，珠三角地区重化产业转移，越南在促进北部湾区域的合作方面提出的"两廊一圈"的构想等，标志着北部湾区域发展的机遇已经来临、条件已经具备、时机已经成熟。

3.3　重点产业发展情景

长期以来，北部湾区域的主导产业是传统工业，包括石油加工业、农副食品加工业、能源工业、化工业、建材业、造纸业、铝冶金业、纺织业、饮料制造业等产业，重化工业相对较少。北部湾区域处于工业化起步阶段，但即将进入起飞阶段，加强资金密集型和劳动力密集型的重化工业发展是促进北部湾区域工业化进程的主要途径。现实中，广西、广东、海南及地方发展规划表明，加强重化工业发展是主要战略方向，包括钢铁工业、石油化工业、林浆纸一体化、铝冶金及加工业、能源工业（煤电、核电）、船舶修造业、建材业（水泥和玻璃），重点是林浆纸、钢铁、石化、煤电等产业发展。通过这些产业发展，将北部湾区域打造成为"我国新兴的大型林浆纸一体化产业基地""国家级临海石油化工产业基地""沿海大型钢铁工业基地""全国重要的铝深加工基地""沿海大型的船舶修造基地"。从北部湾区域各城市的发展定位来看，也同样透视出强烈的重化工业发展趋向。根据各类规划，远期北部湾区域将形成 12 800 万 t 炼油、8000 万 t 钢铁、675 万 t 纸浆和 1067 万 t 造纸、3600 万 kW 火电和 1060 万 kW 核电、150 万 t 燃料乙醇、4200 万 t 水泥。这种发展目标表明，未来该地区的经济体系将呈现明显的重化工业结构特征，并迅速推进该地区的工业化进程。

第4章 区域生态系统构成与格局十年变化

生态系统构成是指区域森林、草地、湿地、农田、城镇、沙漠、冰川/永久积雪、裸地生态系统的面积和比例。生态系统格局是指生态系统空间格局，即不同生态系统在空间上的配置。本章主要利用不同时相的遥感、土地利用、现场调查等数据与技术手段，调查2000年、2005年和2010年北部湾经济区各类生态系统的面积与分布；通过生态系统类型转移矩阵和综合生态系统动态度等指标，分析北部湾经济区各类生态系统面积和分布的十年变化；计算各年份各类生态系统的平均斑块面积，分析各类生态系统在不同尺度上的景观格局特征及其十年变化。

4.1 生态系统类型构成与分布变化特征

北部湾经济区一级生态系统构成特征如图4-1所示，构成比例见表4-1，构成比例变化如图4-2所示。总体而言，北部湾经济区以农田和森林生态系统分布为主，农田生态系统面积超过总面积的48%，森林生态系统面积超过总面积的40%。其他灌丛、草地、湿地、城镇所占的面积相对较少，裸地比例极少，并且没有荒漠、冰川/永久积雪。2000～2010年，北部湾经济区森林、灌丛和湿地生态系统所占面积比例较为稳定，而随着工业化和城镇化进程的加快，城镇所占的面积在逐年递增，2000～2005年增长了

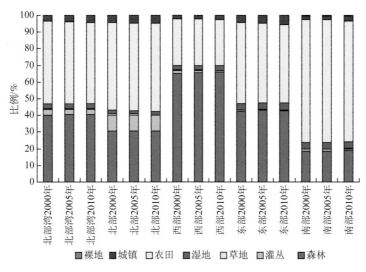

图4-1 北部湾经济区及各片区一级生态系统构成特征图

4.36%，2005～2010年增长了13.29%，2005年后增速明显加快，2000～2010年共增长了18.22%。相应的农田生态系统面积逐年减少，十年间农田生态系统面积减少了1.26%。2010年北部湾流域一级生态系统构成比例为森林40.33%、灌丛3.28%、草地0.29%、湿地3.18%、农田48.70%、城镇4.09%和裸地0.12%。

表4-1 北部湾经济区一级生态系统构成特征

类型	2000 年		2005 年		2010 年	
	面积/km²	比例/%	面积/km²	比例/%	面积/km²	比例/%
森林	32 589.31	40.39	32 593.88	40.40	32 540.74	40.33
灌丛	2 601.45	3.22	2 617.16	3.24	2 644.70	3.28
草地	247.57	0.31	309.73	0.38	237.67	0.29
湿地	2 559.15	3.17	2 544.04	3.15	2 565.32	3.18
农田	39 796.36	49.32	39 612.63	49.10	39 295.29	48.70
城镇	2 794.46	3.46	2 916.31	3.61	3 303.76	4.09
荒漠	0.00	0.00	0.00	0.00	0.00	0.00
冰川/永久积雪	0.00	0.00	0.00	0.00	0.00	0.00
裸地	97.96	0.12	86.89	0.11	93.15	0.12
合计	80 686.26	100.00	80 680.64	100.00	80 680.63	100.00

注：表内数据由于小数点保留位数，加和可能不等于100%，余同。

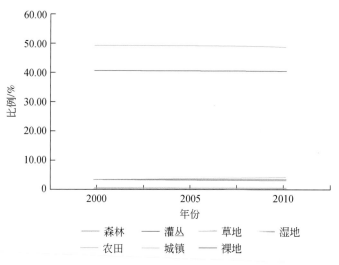

图4-2 北部湾经济区一级生态系统构成变化图

北部湾经济区北部生态系统构成的比例见表4-2，构成比例变化如图4-3所示。北部湾经济区北部以农田分布为主，农田生态系统超过北部总面积的50%，其次为森林，其他灌丛、湿地、城镇所占的面积相对较少，草地比例极少，并且没有裸地、荒漠、冰川/永久积雪。2000～2010 年，北部湾经济区北部森林和湿地生态系统所占面积比例较为稳定，而随着工业化和城镇化进程的加快，城镇所占的面积在逐年递增，2000～2010 年共增长了 9.67%，相应的农田生态系统面积也略有增长。而草地生态系统面积锐减，十年来减少了 61.44%。到了 2010 年，北部湾经济区北部一级生态系统构成比例为森林 30.51%、灌丛 9.41%、草地 0.33%、湿地 2.05%、农田 52.74%、城镇 4.95%。

表 4-2   北部湾经济区北部一级生态系统构成特征

类型	2000 年		2005 年		2010 年	
	面积/km²	比例/%	面积/km²	比例/%	面积/km²	比例/%
森林	6 758.75	30.58	6 734.69	30.47	6 743.72	30.51
灌丛	2 115.85	9.57	2 093.26	9.47	2 080.31	9.41
草地	190.03	0.86	183.29	0.83	73.27	0.33
湿地	452.24	2.05	453.23	2.05	453.50	2.05
农田	11 587.76	52.43	11 593.25	52.45	11 657.38	52.74
城镇	997.38	4.51	1 044.29	4.72	1 093.84	4.95
荒漠	0.00	0.00	0.00	0.00	0.00	0.00
冰川/永久积雪	0.00	0.00	0.00	0.00	0.00	0.00
裸地	0.00	0.00	0.00	0.00	0.00	0.00
合计	22 102.01	100.00	22 102.01	100.00	22 102.01	100.00

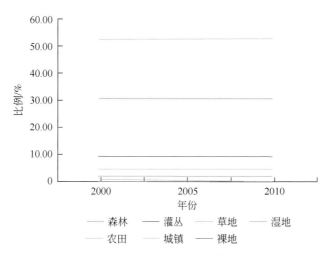

图 4-3   北部湾经济区北部一级生态系统构成变化图

北部湾经济区西部生态系统构成的比例见表 4-3，构成比例变化如图 4-4 所示。北部湾经济区西部以森林分布为主，是北部湾各个经济区中森林面积最大的，超过了西部总面积的 65%，其次为农田，其他灌丛、湿地、城镇所占的面积相对较少，草地和裸地比例极少，并且没有荒漠、冰川/永久积雪。2000～2010 年，北部湾经济区西部森林生态系统面积略有增加，湿地和农田生态系统所占面积比例较为稳定，而随着工业化和城镇化进程的加快，城镇所占的面积在逐年递增，2000~2010年共增长了11.89%。相对应的，灌丛和草地生态系统面积锐减，十年间灌丛减少了30.93%，草地减少了98.26%，草地生态系统几乎消失殆尽。2010年北部湾经济区西部一级生态系统构成比例为森林65.82%、灌丛1.05%、草地0.01%、湿地2.85%、农田27.72%、城镇2.54%、裸地0.01%。

表4-3　北部湾经济区西部一级生态系统构成特征

类型	2000 年		2005 年		2010 年	
	面积/km²	比例/%	面积/km²	比例/%	面积/km²	比例/%
森林	12 882.67	65.09	12 935.39	65.36	13 029.81	65.82
灌丛	302.03	1.53	259.88	1.31	208.60	1.05
草地	103.79	0.52	71.27	0.36	1.81	0.01
湿地	563.16	2.85	562.91	2.84	565.15	2.85
农田	5 489.49	27.74	5 503.11	27.81	5 487.46	27.72
城镇	448.21	2.26	457.04	2.31	501.52	2.54
荒漠	0.00	0.00	0.00	0.00	0.00	0.00
冰川/永久积雪	0.00	0.00	0.00	0.00	0.00	0.00
裸地	1.86	0.01	1.88	0.01	2.61	0.01
合计	19 791.21	100.00	19 791.48	100.00	19 796.95	100.00

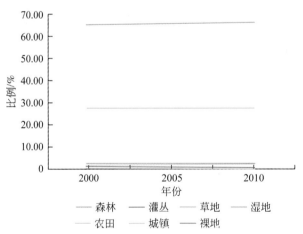

图4-4　北部湾经济区西部一级生态系统构成变化图

　　北部湾经济区东部生态系统构成的比例见表4-4，构成比例变化如图4-5所示。北部湾经济区东部以农田和森林分布为主，农田面积约为东部总面积的47%，森林面积约为东部总面积的43%。其次为农田，其他灌丛、草地、湿地、城镇所占的面积相对较少，裸地比例极少，并且没有荒漠、冰川/永久积雪。2000~2010年，北部湾经济区东部森林、灌丛、草地和湿地生态系统所占面积比例较为稳定，而随着工业化和城镇化进程的加快，城镇所占的面积在逐年递增，2000～2010 年共增长了 29.53%。而相对应的，农田生态系统面积减少了 3.03%。2010 年北部湾经济区东部一级生态系统构成比例为森林 42.80%、灌丛 0.42%、草地 0.07%、湿地 4.12%、农田 47.02%、城镇 5.47%、裸地 0.10%。

表 4-4　北部湾经济区东部一级生态系统构成特征

类型	2000 年		2005 年		2010 年	
	面积/km²	比例/%	面积/km²	比例/%	面积/km²	比例/%
森林	9 939.14	42.45	10 067.05	43.00	10 020.42	42.80
灌丛	113.99	0.49	99.40	0.42	98.78	0.42
草地	16.21	0.07	15.00	0.06	15.86	0.07
湿地	964.07	4.12	946.34	4.04	963.41	4.12
农田	11 351.99	48.49	11 170.67	47.72	11 008.63	47.02
城镇	988.63	4.22	1 085.39	4.64	1 280.58	5.47
荒漠	0.00	0.00	0.00	0.00	0.00	0.00
冰川/永久积雪	0.00	0.00	0.00	0.00	0.00	0.00
裸地	37.40	0.16	27.32	0.12	23.32	0.10
合计	23 411.43	100.00	23 411.17	100.00	23 411.00	100.00

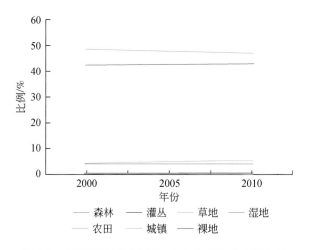

图 4-5　北部湾经济区东部一级生态系统构成变化图

北部湾经济区南部生态系统构成的比例见表 4-5，构成比例变化如图 4-6 所示。北部湾经济区南部以农田分布为主，农田生态系统是北部湾各个经济区中农田面积最大的，约为南部总面积的 73%。其次为森林，其他灌丛、草地、湿地、城镇所占的面积相对较少，裸地比例极少，并且没有荒漠、冰川/永久积雪。2000～2010 年，北部湾经济区南部森林的面积略有增加，灌丛、草地和湿地生态系统所占面积比例较为稳定，而随着工业化和城镇化进程的加快，城镇所占的面积在逐年递增，2000～2010 年共增长了 56.76%。而相对应的，农田生态系统面积减少了 2.02%。到了 2010 年，北部湾经济区南部一级生态系统构成比例为森林 18.82%、灌丛 1.06%、草地 0.29%、湿地 3.81%、农田 72.45%、城镇 3.13%、裸地 0.44%。

表 4-5　北部湾经济区南部一级生态系统构成特征

类型	2000 年		2005 年		2010 年	
	面积/km²	比例/%	面积/km²	比例/%	面积/km²	比例/%
森林	2 861.61	18.61	2 856.75	18.58	2 893.93	18.82
灌丛	163.01	1.06	164.62	1.07	163.58	1.06
草地	39.52	0.26	40.17	0.26	44.75	0.29
湿地	577.69	3.76	581.56	3.78	585.25	3.81
农田	11 369.15	73.94	11 345.60	73.79	11 139.79	72.45
城镇	306.93	2.00	329.59	2.14	481.13	3.13
荒漠	0.00	0.00	0.00	0.00	0.00	0.00
冰川/永久积雪	0.00	0.00	0.00	0.00	0.00	0.00
裸地	57.95	0.38	57.69	0.38	67.97	0.44
合计	15 375.86	100.00	15 375.98	100.00	15 376.40	100.00

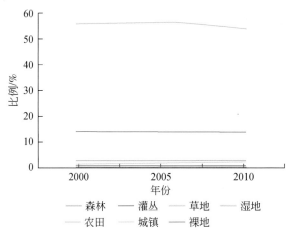

图 4-6　北部湾经济区南部一级生态系统构成变化图

北部湾经济区一级生态系统生态系统变化统计见表 4-6，由表可知，随着工业化和城镇化进程的加快，城镇所占的面积在逐年递增，随之而来的是灌丛、草地和农田的减少，总体而言，森林面积变化不大，趋于稳定。2000～2010 年北部湾经济区一级生态系统分布如图 4-7～图 4-9 所示。

经过综合分析可知，人口增长、经济结构调整（经济重心由第一产业向第二产业转移）、人居条件改善，以及城市化的发展是区域生态系统变化的主要原因。

表 4-6　北部湾经济区一级生态系统变化统计表

区域	森林						灌丛					
	2000~2005 年		2005~2010 年		2000~2010 年		2000~2005 年		2005~2010 年		2000~2010 年	
	面积/km²	变化率/%	面积/km²	变化率/%	面积/km²	变化率/%	面积/km²	变化率/%	面积/km²	变化率/%	面积/km²	变化率/%
北部	−24.06	−0.36	9.03	0.13	−15.03	−0.22	−22.59	−1.07	−12.95	−0.62	−35.54	−1.68
西部	52.72	0.41	94.42	0.73	147.14	1.14	−42.14	−13.95	−51.29	−19.73	−93.43	−30.93
东部	127.91	1.29	−46.63	−0.46	81.28	0.82	−14.59	−12.80	−0.62	−0.62	−15.21	−13.34
南部	−4.86	−0.17	37.18	1.30	32.32	1.13	1.61	0.99	−1.04	−0.63	0.57	0.35
北部湾经济区	151.71	0.47	94.00	0.29	245.71	0.76	−77.71	−2.88	−65.90	−2.52	−143.61	−5.33

区域	草地						湿地					
	2000~2005 年		2005~2010 年		2000~2010 年		2005~2010 年		2000~2005 年		2000~2010 年	
	面积/km²	变化率/%	面积/km²	变化率/%	面积/km²	变化率/%	面积/km²	变化率/%	面积/km²	变化率/%	面积/km²	变化率/%
北部	−6.74	−3.55	−110.02	−60.03	−116.76	−61.44	0.99	0.22	0.27	0.06	1.26	0.28
西部	−32.53	−31.34	−69.45	−97.46	−101.98	−98.25	−0.25	−0.04	2.24	0.40	1.99	0.35
东部	−1.21	−7.46	0.86	5.73	−0.35	−2.16	−17.73	−1.84	17.07	1.80	−0.66	−0.07
南部	0.65	1.64	4.58	11.40	5.23	13.23	3.87	0.67	3.69	0.63	7.56	1.31
北部湾经济区	−39.83	−11.39	−174.03	−56.19	−213.86	−61.18	−13.12	−0.51	23.27	0.91	10.15	0.40

区域	农田						城镇					
	2000~2005 年		2005~2010 年		2000~2005 年		2000~2005 年		2005~2010 年		2000~2010 年	
	面积/km²	变化率/%	面积/km²	变化率/%	面积/km²	变化率/%	面积/km²	变化率/%	面积/km²	变化率/%	面积/km²	变化率/%
北部	5.49	0.05	64.13	0.55	69.62	0.60	46.91	4.70	49.55	4.74	96.46	9.67
西部	13.62	0.25	−15.65	−0.28	−2.03	−0.04	8.82	1.97	44.48	9.73	53.30	11.89
东部	−181.32	−1.60	−162.04	−1.45	−343.36	−3.02	96.76	9.79	195.19	17.98	291.95	29.53
南部	−23.55	−0.21	−205.81	−1.81	−229.36	−2.02	22.66	7.38	151.54	45.98	174.20	56.76
北部湾经济区	−185.76	−0.47	−319.37	−0.81	−505.13	−1.27	175.15	6.39	440.76	15.11	615.91	22.47

区域	沙漠						冰川/永久积雪					
	2000~2005 年		2005~2010 年		2000~2005 年		2000~2005 年		2005~2010 年		2000~2010 年	
	面积/km²	变化率/%	面积/km²	变化率/%	面积/km²	变化率/%	面积/km²	变化率/%	面积/km²	变化率/%	面积/km²	变化率/%
北部湾经济区	0.00	0.00	0.00	0.00	0.00	0.00	0.00	0.00	0.00	0.00	0.00	0.00

区域	裸地											
	2000~2005 年		2005~2010 年		2000~2005 年							
	面积/km²	变化率/%	面积/km²	变化率/%	面积/km²	变化率/%						
北部	0.00	0.00	0.00	0.00	0.00	0.00						

区域	裸地								
	2000~2005 年		2005~2010 年		2000~2005 年				
	面积/km²	变化率/%	面积/km²	变化率/%	面积/km²	变化率/%			
西部	0.02	1.26	0.73	38.91	0.76	40.67			
东部	−10.08	−26.95	−4.00	−14.64	−14.08	−37.65			
南部	−0.26	−0.45	10.28	17.82	10.02	17.29			
北部湾经济区	−10.32	−10.61	7.01	8.07	−3.30	−3.40			

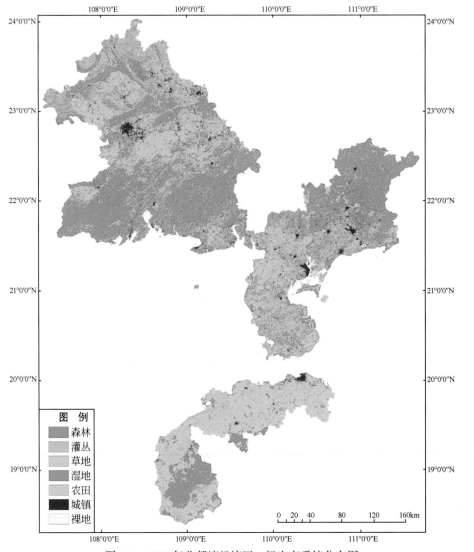

图 4-7　2000 年北部湾经济区一级生态系统分布图

制图单位：环境保护部华南环境科学研究所　制图时间：2013 年 11 月

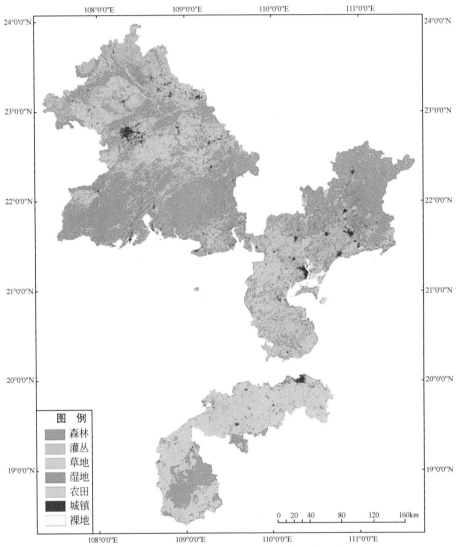

图 4-8 2005 年北部湾经济区一级生态系统分布图

制图单位：环境保护部华南环境科学研究所 制图时间：2013 年 11 月

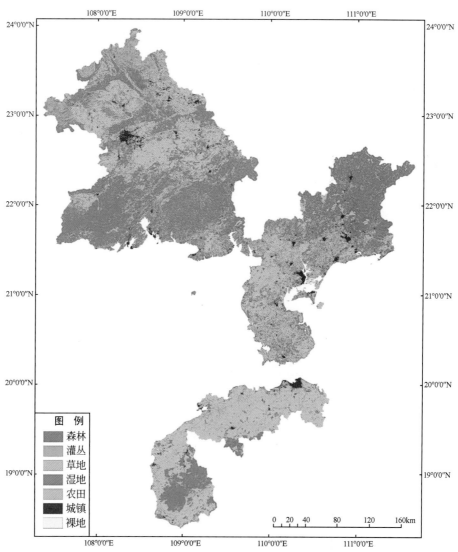

图 4-9　2010 年北部湾经济区一级生态系统分布图

制图单位：环境保护部华南环境科学研究所　制图时间：2013 年 11 月

4.2　生态系统类型转换特征

北部湾经济区一级生态系统分布与转化情况见表4-7和图4-10～图4-18。总体而言，北部湾经济区的城镇生态系统的快速增长主要来自于农田转移，从农田转出为城镇生态系统的比例在2005年后增速加快。

表 4-7　北部湾经济区一级生态系统分布　　　　　　　（单位：km²）

时段	类型	森林	灌丛	草地	湿地	农田	城镇	荒漠	冰川/永久积雪	裸地
2000～2005年	森林	32 209.58	18.56	75.09	3.96	111.50	31.95	0.00	0.00	3.56
	灌丛	60.71	2 589.97	8.63	1.29	21.03	13.29	0.00	0.00	0.02
	草地	101.00	7.07	225.60	0.60	14.09	1.38	0.00	0.00	0.00
	湿地	8.03	0.05	0.00	2 698.49	35.85	8.28	0.00	0.00	0.31
	农田	222.91	1.40	0.56	30.66	39 464.34	118.10	0.00	0.00	3.23
	城镇	0.20	0.00	0.01	0.11	0.78	2 745.38	0.00	0.00	0.00
	荒漠	0.00	0.00	0.00	0.00	0.00	0.00	0.00	0.00	0.00
	冰川/永久积雪	0.00	0.00	0.00	0.00	0.00	0.00	0.00	0.00	0.00
	裸地	3.34	0.18	0.00	3.33	8.45	3.20	0.00	0.00	85.01
2005～2010年	森林	32 370.64	17.95	1.86	6.13	156.62	51.07	0.00	0.00	1.71
	灌丛	50.98	2 521.90	0.24	0.73	27.36	16.02	0.00	0.00	0.00
	草地	143.75	10.63	128.59	1.25	24.01	1.49	0.00	0.00	0.47
	湿地	3.12	0.00	0.03	2 697.53	16.25	19.59	0.00	0.00	1.34
	农田	127.49	0.73	4.61	48.40	39 105.31	352.74	0.00	0.00	17.38
	城镇	0.16	0.00	0.00	0.02	0.83	2 920.65	0.00	0.00	0.04
	荒漠	0.00	0.00	0.00	0.00	0.00	0.00	0.00	0.00	0.00
	冰川/永久积雪	0.00	0.00	0.00	0.00	0.00	0.00	0.00	0.00	0.00
	裸地	4.55	0.11	0.81	0.49	4.10	3.15	0.00	0.00	79.32
2000～2010年	森林	32 094.04	32.70	3.33	8.16	229.11	83.48	0.00	0.00	3.34
	灌丛	110.58	2 505.06	0.47	2.08	46.60	30.00	0.00	0.00	0.16
	草地	177.75	11.46	126.08	1.61	30.41	2.44	0.00	0.00	0.02
	湿地	9.03	0.03	0.03	2 684.36	27.72	27.43	0.00	0.00	1.36
	农田	302.57	1.96	5.13	54.26	38 988.74	469.35	0.00	0.00	19.09
	城镇	0.27	0.00	0.01	0.11	1.29	2 744.78	0.00	0.00	0.04
	荒漠	0.00	0.00	0.00	0.00	0.00	0.00	0.00	0.00	0.00
	冰川/永久积雪	0.00	0.00	0.00	0.00	0.00	0.00	0.00	0.00	0.00
	裸地	6.19	0.13	0.81	3.59	9.88	7.07	0.00	0.00	75.85

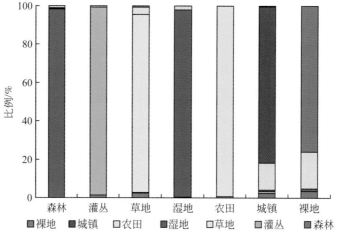

图 4-10　2000～2010 年北部湾经济区一级生态系统转入特征

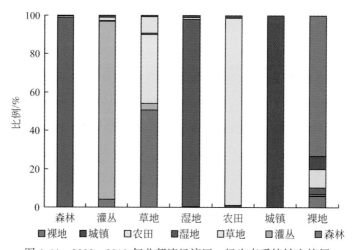

图 4-11　2000～2010 年北部湾经济区一级生态系统转出特征

　　北部湾经济区一级生态系统类型相互转化强度见表 4-8。其中,草地转出比例最高,为 27.37%;森林共转出 0.38% 的面积,主要向农田、草地、城镇及裸地转化;湿地共转出 2.89% 的面积,0.96% 变化为农田,1.65% 变化为城镇;农田共转出 2.36% 的面积,0.98% 变化为森林,0.42% 变化为草地,0.71% 变化为城镇;城镇用地极少向其他用地类型转化。北部湾经济区不同地域生态系统类型相互转化强度见表 4-9～表 4-15。

表 4-8　北部湾经济区一级生态系统类型相互转化强度　　　　（单位:%）

时段	类型	森林	灌丛	草地	湿地	农田	城镇	荒漠	冰川/ 永久积雪	裸地
2000～ 2005 年	森林	6 664.09	12.46	48.93	0.28	21.51	11.48	0.00	0.00	0.00
	灌丛	20.28	2 074.25	5.22	0.43	6.67	8.99	0.00	0.00	0.00

续表

时段	类型	森林	灌丛	草地	湿地	农田	城镇	荒漠	冰川/永久积雪	裸地
2000~2005 年	草地	47.87	6.35	129.09	0.42	6.18	0.13	0.00	0.00	0.00
	湿地	0.02	0.00	0.00	451.29	0.24	0.69	0.00	0.00	0.00
	农田	2.42	0.19	0.04	0.81	11 558.57	25.72	0.00	0.00	0.00
	城镇	0.01	0.00	0.01	0.00	0.08	997.28	0.00	0.00	0.00
	荒漠	0.00	0.00	0.00	0.00	0.00	0.00	0.00	0.00	0.00
	冰川/永久积雪	0.00	0.00	0.00	0.00	0.00	0.00	0.00	0.00	0.00
	裸地	0.00	0.00	0.00	0.00	0.00	0.00	0.00	0.00	0.00
2005~2010 年	森林	6 637.05	16.74	1.63	0.77	74.72	3.79	0.00	0.00	0.00
	灌丛	22.21	2 053.52	0.24	0.15	14.12	3.02	0.00	0.00	0.00
	草地	82.54	9.81	71.36	0.96	17.57	1.04	0.00	0.00	0.00
	湿地	0.16	0.00	0.00	451.15	1.56	0.36	0.00	0.00	0.00
	农田	1.75	0.23	0.04	0.46	11 549.29	41.49	0.00	0.00	0.00
	城镇	0.02	0.00	0.00	0.00	0.14	1 044.14	0.00	0.00	0.00
	荒漠	0.00	0.00	0.00	0.00	0.00	0.00	0.00	0.00	0.00
	冰川/永久积雪	0.00	0.00	0.00	0.00	0.00	0.00	0.00	0.00	0.00
	裸地	0.00	0.00	0.00	0.00	0.00	0.00	0.00	0.00	0.00
2000~2010 年	森林	6 607.26	28.96	2.15	1.16	102.99	16.23	0.00	0.00	0.00
	灌丛	42.24	2 040.25	0.37	0.61	20.07	12.32	0.00	0.00	0.00
	草地	89.87	10.68	70.71	1.25	16.71	0.82	0.00	0.00	0.00
	湿地	0.18	0.00	0.00	449.22	1.81	1.05	0.00	0.00	0.00
	农田	4.15	0.42	0.04	1.27	11 515.63	66.25	0.00	0.00	0.00
	城镇	0.02	0.00	0.00	0.00	0.18	997.17	0.00	0.00	0.00
	荒漠	0.00	0.00	0.00	0.00	0.00	0.00	0.00	0.00	0.00
	冰川/永久积雪	0.00	0.00	0.00	0.00	0.00	0.00	0.00	0.00	0.00
	裸地	0.00	0.00	0.00	0.00	0.00	0.00	0.00	0.00	0.00

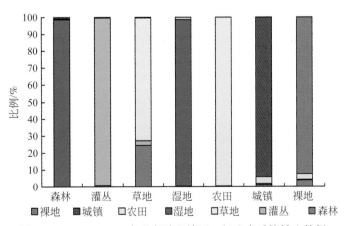

图 4-12 2000~2005 年北部湾经济区一级生态系统转入特征

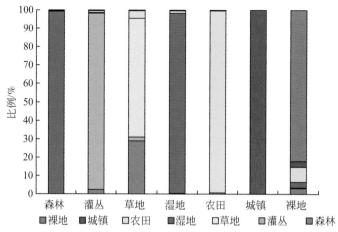

图 4-13 2000~2005 年北部湾经济区一级生态系统转出特征

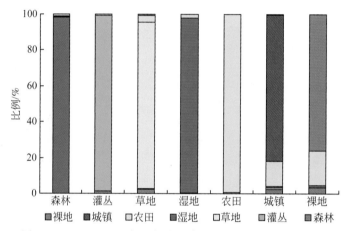

图 4-14 2005~2010 年北部湾经济区一级生态系统转入特征

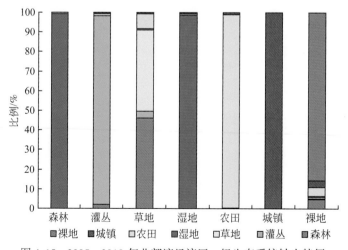

图 4-15 2005~2010 年北部湾经济区一级生态系统转出特征

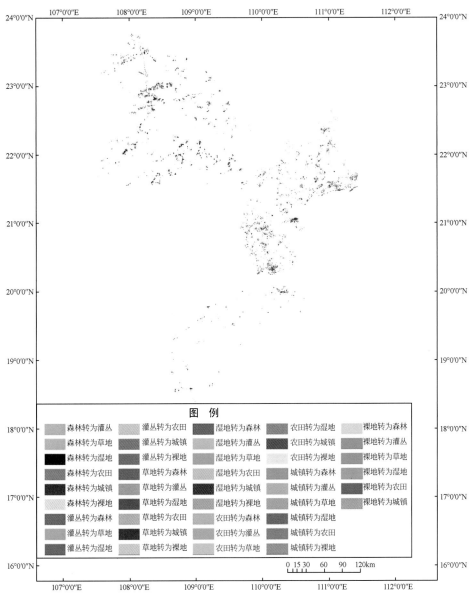

图 4-16　2000～2005 年北部湾经济区一级生态系统分类变化图

制图单位：环境保护部华南环境科学研究所　制图时间：2013 年 11 月

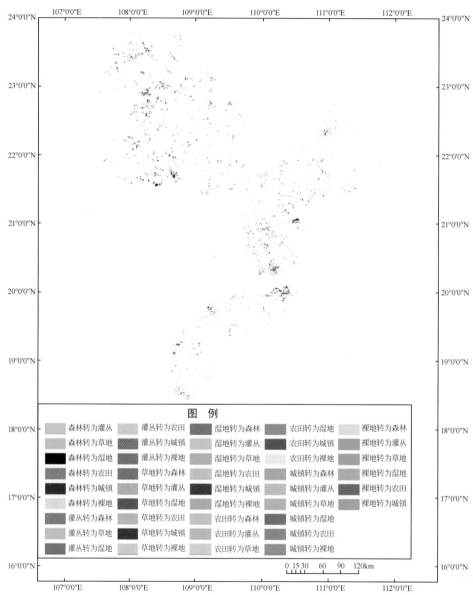

图 4-17　2005~2010 年北部湾经济区一级生态系统分类变化图

制图单位：环境保护部华南环境科学研究所　制图时间：2013 年 11 月

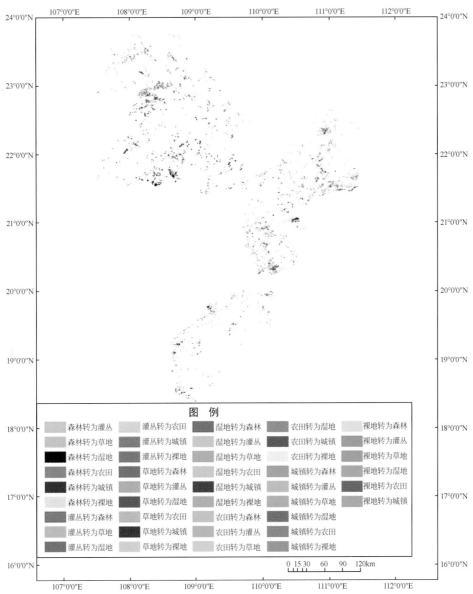

图 4-18 2000～2010 年北部湾经济区一级生态系统分类变化图

制图单位：环境保护部华南环境科学研究所 制图时间：2013 年 11 月

表 4-9　北部湾经济区西部一级生态系统分布与构成转移矩阵　（单位：km²）

时段	类型	森林	灌丛	草地	湿地	农田	城镇	荒漠	冰川/永久积雪	裸地
2000～2005 年	森林	12 844.46	4.93	25.20	0.26	6.08	1.72	0.00	0.00	0.03
	灌丛	32.80	254.05	3.41	0.43	7.65	3.68	0.00	0.00	0.00
	草地	52.02	0.70	42.65	0.09	7.84	0.49	0.00	0.00	0.00
	湿地	0.46	0.02	0.00	678.66	0.36	0.68	0.00	0.00	0.00
	农田	5.62	0.18	0.00	0.22	5 481.14	2.34	0.00	0.00	0.00
	城镇	0.03	0.00	0.00	0.01	0.04	448.14	0.00	0.00	0.00
	荒漠	0.00	0.00	0.00	0.00	0.00	0.00	0.00	0.00	0.00
	冰川/永久积雪	0.00	0.00	0.00	0.00	0.00	0.00	0.00	0.00	0.00
	裸地	0.00	0.00	0.00	0.00	0.00	0.00	0.00	0.00	1.85
2005～2010 年	森林	12 911.46	1.04	0.10	1.17	14.94	6.39	0.00	0.00	0.27
	灌丛	28.44	206.70	0.00	0.58	11.63	12.53	0.00	0.00	0.00
	草地	61.18	0.82	1.71	0.29	6.38	0.41	0.00	0.00	0.47
	湿地	1.65	0.00	0.00	670.85	1.28	5.38	0.00	0.00	0.00
	农田	26.94	0.03	0.00	3.02	5 453.07	20.05	0.00	0.00	0.00
	城镇	0.13	0.00	0.00	0.01	0.16	456.74	0.00	0.00	0.00
	荒漠	0.00	0.00	0.00	0.00	0.00	0.00	0.00	0.00	0.00
	冰川/永久积雪	0.00	0.00	0.00	0.00	0.00	0.00	0.00	0.00	0.00
	裸地	0.00	0.00	0.00	0.00	0.00	0.00	0.00	0.00	1.88
2000～2010 年	森林	12 848.29	2.30	0.10	1.46	21.65	8.10	0.00	0.00	0.74
	灌丛	60.41	205.49	0.10	1.03	18.54	16.44	0.00	0.00	0.00
	草地	86.74	0.77	1.61	0.27	13.57	0.82	0.00	0.00	0.02
	湿地	2.13	0.00	0.00	669.91	1.58	6.05	0.00	0.00	0.00
	农田	32.07	0.04	0.00	3.22	5 431.92	22.25	0.00	0.00	0.00
	城镇	0.16	0.00	0.00	0.01	0.19	447.85	0.00	0.00	0.00
	荒漠	0.00	0.00	0.00	0.00	0.00	0.00	0.00	0.00	0.00
	冰川/永久积雪	0.00	0.00	0.00	0.00	0.00	0.00	0.00	0.00	0.00
	裸地	0.00	0.00	0.00	0.00	0.00	0.00	0.00	0.00	1.85

表 4-10　北部湾经济区东部一级生态系统分布与构成转移矩阵　　（单位：km²）

时段	类型	森林	灌丛	草地	湿地	农田	城镇	荒漠	冰川/永久积雪	裸地
2000 ~ 2005 年	森林	9 844.22	0.53	0.02	3.09	71.23	18.53	0.00	0.00	1.52
	灌丛	7.62	98.61	0.00	0.43	6.69	0.61	0.00	0.00	0.02
	草地	1.12	0.01	14.95	0.08	0.04	0.01	0.00	0.00	0.00
	湿地	7.55	0.03	0.00	918.91	30.47	6.88	0.00	0.00	0.12
	农田	203.83	0.22	0.00	20.92	11 055.99	68.65	0.00	0.00	1.70
	城镇	0.16	0.00	0.00	0.08	0.58	987.79	0.00	0.00	0.00
	荒漠	0.00	0.00	0.00	0.00	0.00	0.00	0.00	0.00	0.00
	冰川/永久积雪	0.00	0.00	0.00	0.00	0.00	0.00	0.00	0.00	0.00
	裸地	2.55	0.01	0.00	2.53	5.53	2.81	0.00	0.00	23.96
2005 ~ 2010 年	森林	9 956.65	0.16	0.12	4.19	63.90	40.62	0.00	0.00	1.39
	灌丛	0.30	98.51	0.00	0.00	0.11	0.47	0.00	0.00	0.00
	草地	0.03	0.00	14.93	0.00	0.02	0.03	0.00	0.00	0.00
	湿地	1.12	0.00	0.00	928.11	8.22	8.54	0.00	0.00	0.11
	农田	60.56	0.10	0.00	31.04	10 935.52	142.63	0.00	0.00	0.81
	城镇	0.00	0.00	0.00	0.01	0.29	1 085.08	0.00	0.00	0.00
	荒漠	0.00	0.00	0.00	0.00	0.00	0.00	0.00	0.00	0.00
	冰川/永久积雪	0.00	0.00	0.00	0.00	0.00	0.00	0.00	0.00	0.00
	裸地	1.76	0.00	0.81	0.06	0.56	3.13	0.00	0.00	21.00
2000 ~ 2010 年	森林	9 782.53	0.68	0.13	5.11	90.07	58.57	0.00	0.00	2.04
	灌丛	7.90	97.73	0.00	0.44	6.53	1.23	0.00	0.00	0.16
	草地	1.14	0.01	14.89	0.08	0.06	0.03	0.00	0.00	0.00
	湿地	6.54	0.03	0.00	925.69	16.00	15.41	0.00	0.00	0.07
	农田	218.81	0.33	0.00	29.40	10 889.88	211.03	0.00	0.00	1.85
	城镇	0.07	0.00	0.00	0.07	0.69	987.79	0.00	0.00	0.00
	荒漠	0.00	0.00	0.00	0.00	0.00	0.00	0.00	0.00	0.00
	冰川/永久积雪	0.00	0.00	0.00	0.00	0.00	0.00	0.00	0.00	0.00
	裸地	3.43	0.01	0.81	2.40	5.26	6.28	0.00	0.00	19.19

表 4-11 北部湾经济区南部一级生态系统分布与构成转移矩阵 （单位：km²）

时段	类型	森林	灌丛	草地	湿地	农田	城镇	荒漠	冰川/永久积雪	裸地
2000~2005 年	森林	2 856.80	0.64	0.94	0.33	12.68	0.23	0.00	0.00	2.02
	灌丛	0.01	163.05	0.00	0.00	0.01	0.00	0.00	0.00	0.01
	草地	0.00	0.00	38.91	0.01	0.03	0.76	0.00	0.00	0.00
	湿地	0.00	0.01	0.00	649.63	4.78	0.04	0.00	0.00	0.19
	农田	11.04	0.81	0.51	8.71	11 368.64	21.39	0.00	0.00	1.53
	城镇	0.00	0.00	0.00	0.02	0.09	312.17	0.00	0.00	0.00
	荒漠	0.00	0.00	0.00	0.00	0.00	0.00	0.00	0.00	0.00
	冰川/永久积雪	0.00	0.00	0.00	0.00	0.00	0.00	0.00	0.00	0.00
	裸地	0.79	0.17	0.00	0.81	2.93	0.38	0.00	0.00	59.19
2005~2010 年	森林	2 865.48	0.01	0.00	0.01	3.05	0.27	0.00	0.00	0.06
	灌丛	0.02	163.16	0.00	0.00	1.50	0.00	0.00	0.00	0.00
	草地	0.00	0.00	40.59	0.00	0.04	0.01	0.00	0.00	0.00
	湿地	0.19	0.00	0.03	647.43	5.19	5.31	0.00	0.00	1.22
	农田	38.24	0.37	4.57	13.89	11 167.44	148.57	0.00	0.00	16.58
	城镇	0.02	0.00	0.00	0.00	0.24	334.69	0.00	0.00	0.04
	荒漠	0.00	0.00	0.00	0.00	0.00	0.00	0.00	0.00	0.00
	冰川/永久积雪	0.00	0.00	0.00	0.00	0.00	0.00	0.00	0.00	0.00
	裸地	2.79	0.11	0.00	0.43	3.55	0.02	0.00	0.00	56.44
2000~2010 年	森林	2 855.95	0.75	0.95	0.44	14.39	0.58	0.00	0.00	0.56
	灌丛	0.03	161.59	0.00	0.00	1.46	0.00	0.00	0.00	0.00
	草地	0.00	0.00	38.86	0.01	0.06	0.77	0.00	0.00	0.00
	湿地	0.19	0.01	0.03	639.55	8.33	4.92	0.00	0.00	1.29
	农田	47.54	1.18	5.08	20.37	11 151.30	169.82	0.00	0.00	17.24
	城镇	0.02	0.00	0.00	0.02	0.23	311.97	0.00	0.00	0.04
	荒漠	0.00	0.00	0.00	0.00	0.00	0.00	0.00	0.00	0.00
	冰川/永久积雪	0.00	0.00	0.00	0.00	0.00	0.00	0.00	0.00	0.00
	裸地	2.75	0.13	0.00	1.18	4.63	0.79	0.00	0.00	54.80

表 4-12 北部湾经济区北部一级生态系统类型相互转化强度 （单位:%）

时段	类型	森林	灌丛	草地	湿地	农田	城镇	荒漠	冰川/永久积雪	裸地
2000～2005年	森林	98.95	0.60	26.70	0.06	0.19	1.10	0.00	0.00	0.00
	灌丛	0.30	99.09	2.85	0.09	0.06	0.86	0.00	0.00	0.00
	草地	0.71	0.30	70.43	0.09	0.05	0.01	0.00	0.00	0.00
	湿地	0.00	0.00	0.00	99.57	0.00	0.07	0.00	0.00	0.00
	农田	0.04	0.01	0.02	0.18	99.70	2.46	0.00	0.00	0.00
	城镇	0.00	0.00	0.01	0.00	0.00	95.50	0.00	0.00	0.00
	荒漠	0.00	0.00	0.00	0.00	0.00	0.00	0.00	0.00	0.00
	冰川/永久积雪	0.00	0.00	0.00	0.00	0.00	0.00	0.00	0.00	0.00
	裸地	0.00	0.00	0.00	0.00	0.00	0.00	0.00	0.00	0.00
2005～2010年	森林	98.42	0.80	2.22	0.17	0.64	0.35	0.00	0.00	0.00
	灌丛	0.00	0.00	0.00	0.00	0.00	0.00	0.00	0.00	0.00
	草地	1.22	0.47	97.39	0.21	0.15	0.10	0.00	0.00	0.00
	湿地	0.00	0.00	0.00	99.48	0.01	0.03	0.00	0.00	0.00
	农田	0.03	0.01	0.05	0.10	99.07	3.79	0.00	0.00	0.00
	城镇	0.00	0.00	0.00	0.00	0.00	95.46	0.00	0.00	0.00
	荒漠	0.00	0.00	0.00	0.00	0.00	0.00	0.00	0.00	0.00
	冰川/永久积雪	0.00	0.00	0.00	0.00	0.00	0.00	0.00	0.00	0.00
	裸地	0.00	0.00	0.00	0.00	0.00	0.00	0.00	0.00	0.00
2000～2010年	森林	97.98	1.39	2.93	0.26	0.88	1.48	0.00	0.00	0.00
	灌丛	0.63	98.07	0.50	0.13	0.17	1.13	0.00	0.00	0.00
	草地	0.00	0.00	0.00	0.00	0.00	0.00	0.00	0.00	0.00
	湿地	0.00	0.00	0.00	99.05	0.02	0.10	0.00	0.00	0.00
	农田	0.06	0.02	0.05	0.28	98.78	6.06	0.00	0.00	0.00
	城镇	0.00	0.00	0.00	0.00	0.00	91.16	0.00	0.00	0.00
	荒漠	0.00	0.00	0.00	0.00	0.00	0.00	0.00	0.00	0.00
	冰川/永久积雪	0.00	0.00	0.00	0.00	0.00	0.00	0.00	0.00	0.00
	裸地	0.00	0.00	0.00	0.00	0.00	0.00	0.00	0.00	0.00

表 4-13 北部湾经济区西部一级生态系统类型相互转化强度   （单位:%）

时段	类型	森林	灌丛	草地	湿地	农田	城镇	荒漠	冰川/永久积雪	裸地
2000~2005年	森林	99.30	1.90	35.36	0.04	0.11	0.38	0.00	0.00	1.60
	灌丛	0.25	97.76	4.79	0.06	0.14	0.81	0.00	0.00	0.00
	草地	0.40	0.27	59.85	0.01	0.14	0.11	0.00	0.00	0.00
	湿地	0.00	0.01	0.00	99.85	0.01	0.15	0.00	0.00	0.00
	农田	0.04	0.07	0.00	0.03	99.60	0.51	0.00	0.00	0.00
	城镇	0.00	0.00	0.00	0.00	0.00	98.05	0.00	0.00	0.00
	荒漠	0.00	0.00	0.00	0.00	0.00	0.00	0.00	0.00	0.00
	冰川/永久积雪	0.00	0.00	0.00	0.00	0.00	0.00	0.00	0.00	0.00
	裸地	0.00	0.00	0.00	0.00	0.00	0.00	0.00	0.00	98.40
2005~2010年	森林	99.09	0.50	5.52	0.17	0.27	1.27	0.00	0.00	10.31
	灌丛	0.00	0.00	0.00	0.00	0.00	0.00	0.00	0.00	0.00
	草地	0.47	0.39	94.48	0.04	0.12	0.08	0.00	0.00	17.94
	湿地	0.01	0.00	0.00	99.25	0.02	1.07	0.00	0.00	0.00
	农田	0.21	0.01	0.00	0.45	99.37	4.00	0.00	0.00	0.00
	城镇	0.00	0.00	0.00	0.00	0.00	91.07	0.00	0.00	0.00
	荒漠	0.00	0.00	0.00	0.00	0.00	0.00	0.00	0.00	0.00
	冰川/永久积雪	0.00	0.00	0.00	0.00	0.00	0.00	0.00	0.00	0.00
	裸地	0.00	0.00	0.00	0.00	0.00	0.00	0.00	0.00	71.76
2000~2010年	森林	98.61	1.10	5.52	0.22	0.39	1.62	0.00	0.00	28.35
	灌丛	0.46	98.51	5.52	0.15	0.34	3.28	0.00	0.00	0.00
	草地	0.00	0.00	0.00	0.00	0.00	0.00	0.00	0.00	0.00
	湿地	0.02	0.00	0.00	99.11	0.03	1.21	0.00	0.00	0.00
	农田	0.25	0.02	0.00	0.48	98.99	4.44	0.00	0.00	0.00
	城镇	0.00	0.00	0.00	0.00	0.00	89.30	0.00	0.00	0.00
	荒漠	0.00	0.00	0.00	0.00	0.00	0.00	0.00	0.00	0.00
	冰川/永久积雪	0.00	0.00	0.00	0.00	0.00	0.00	0.00	0.00	0.00
	裸地	0.00	0.00	0.00	0.00	0.00	0.00	0.00	0.00	70.88

表 4-14 北部湾经济区东部一级生态系统类型相互转化强度 （单位：%）

时段	类型	森林	灌丛	草地	湿地	农田	城镇	荒漠	冰川/永久积雪	裸地
2000~2005 年	森林	97.79	0.53	0.13	0.33	0.64	1.71	0.00	0.00	5.56
	灌丛	0.08	99.20	0.00	0.05	0.06	0.06	0.00	0.00	0.07
	草地	0.01	0.01	99.87	0.01	0.00	0.00	0.00	0.00	0.00
	湿地	0.07	0.03	0.00	97.13	0.27	0.63	0.00	0.00	0.44
	农田	2.02	0.22	0.00	2.21	98.97	6.33	0.00	0.00	6.22
	城镇	0.00	0.00	0.00	0.01	0.01	91.02	0.00	0.00	0.00
	荒漠	0.00	0.00	0.00	0.00	0.00	0.00	0.00	0.00	0.00
	冰川/永久积雪	0.00	0.00	0.00	0.00	0.00	0.00	0.00	0.00	0.00
	裸地	0.03	0.01	0.00	0.27	0.05	0.26	0.00	0.00	87.70
2005~2010 年	森林	99.36	0.16	0.76	0.43	0.58	3.17	0.00	0.00	5.96
	灌丛	0.00	0.00	0.00	0.00	0.00	0.00	0.00	0.00	0.00
	草地	0.00	0.00	94.14	0.00	0.00	0.00	0.00	0.00	0.00
	湿地	0.01	0.00	0.00	96.34	0.07	0.67	0.00	0.00	0.47
	农田	0.60	0.10	0.00	3.22	99.34	11.14	0.00	0.00	3.47
	城镇	0.00	0.00	0.00	0.00	0.00	84.74	0.00	0.00	0.00
	荒漠	0.00	0.00	0.00	0.00	0.00	0.00	0.00	0.00	0.00
	冰川/永久积雪	0.00	0.00	0.00	0.00	0.00	0.00	0.00	0.00	0.00
	裸地	0.02	0.00	5.11	0.01	0.01	0.24	0.00	0.00	90.09
2000~2010 年	森林	97.63	0.69	0.82	0.53	0.82	4.57	0.00	0.00	8.75
	灌丛	0.08	98.93	0.00	0.05	0.06	0.10	0.00	0.00	0.69
	草地	0.00	0.00	0.00	0.00	0.00	0.00	0.00	0.00	0.00
	湿地	0.07	0.03	0.00	96.11	0.15	1.20	0.00	0.00	0.30
	农田	2.18	0.33	0.00	3.05	98.92	16.48	0.00	0.00	7.94
	城镇	0.00	0.00	0.00	0.01	0.01	77.15	0.00	0.00	0.00
	荒漠	0.00	0.00	0.00	0.00	0.00	0.00	0.00	0.00	0.00
	冰川/永久积雪	0.00	0.00	0.00	0.00	0.00	0.00	0.00	0.00	0.00
	裸地	0.03	0.01	5.12	0.25	0.05	0.49	0.00	0.00	82.33

表4-15　北部湾经济区南部一级生态系统类型相互转化强度 　　（单位:%）

时段	类型	森林	灌丛	草地	湿地	农田	城镇	荒漠	冰川/永久积雪	裸地
2000~2005年	森林	99.59	0.39	2.33	0.05	0.11	0.07	0.00	0.00	3.21
	灌丛	0.00	99.01	0.00	0.00	0.00	0.00	0.00	0.00	0.02
	草地	0.00	0.00	96.41	0.00	0.00	0.23	0.00	0.00	0.00
	湿地	0.00	0.01	0.00	98.50	0.04	0.01	0.00	0.00	0.30
	农田	0.38	0.49	1.26	1.32	99.82	6.39	0.00	0.00	2.43
	城镇	0.00	0.00	0.00	0.00	0.00	93.19	0.00	0.00	0.00
	荒漠	0.00	0.00	0.00	0.00	0.00	0.00	0.00	0.00	0.00
	冰川/永久积雪	0.00	0.00	0.00	0.00	0.00	0.00	0.00	0.00	0.00
	裸地	0.03	0.10	0.00	0.12	0.03	0.11	0.00	0.00	94.04
2005~2010年	森林	98.58	0.01	0.02	0.00	0.03	0.06	0.00	0.00	0.08
	灌丛	0.00	0.00	0.00	0.00	0.00	0.00	0.00	0.00	0.00
	草地	0.00	0.00	89.80	0.00	0.00	0.00	0.00	0.00	0.00
	湿地	0.01	0.00	0.07	97.83	0.05	1.09	0.00	0.00	1.64
	农田	1.32	0.23	10.11	2.10	99.88	30.39	0.00	0.00	22.30
	城镇	0.00	0.00	0.00	0.00	0.00	68.46	0.00	0.00	0.05
	荒漠	0.00	0.00	0.00	0.00	0.00	0.00	0.00	0.00	0.00
	冰川/永久积雪	0.00	0.00	0.00	0.00	0.00	0.00	0.00	0.00	0.00
	裸地	0.10	0.07	0.00	0.06	0.03	0.00	0.00	0.00	75.92
2000~2010年	森林	98.26	0.46	2.11	0.07	0.13	0.12	0.00	0.00	0.76
	灌丛	0.00	98.74	0.00	0.00	0.01	0.00	0.00	0.00	0.00
	草地	0.00	0.00	0.00	0.00	0.00	0.00	0.00	0.00	0.00
	湿地	0.01	0.01	0.07	96.67	0.07	1.01	0.00	0.00	1.74
	农田	1.64	0.72	11.31	3.08	99.74	34.74	0.00	0.00	23.32
	城镇	0.00	0.00	0.00	0.00	0.00	63.82	0.00	0.00	0.05
	荒漠	0.00	0.00	0.00	0.00	0.00	0.00	0.00	0.00	0.00
	冰川/永久积雪	0.00	0.00	0.00	0.00	0.00	0.00	0.00	0.00	0.00
	裸地	0.09	0.08	0.00	0.18	0.04	0.16	0.00	0.00	74.12

4.3　生态系统格局变化特征

景观格局通常是指景观的空间结构特征，具体是指由自然或人为形成的，一系列大小、形状各异，排列不同的景观镶嵌体在景观空间的排列。通过定量分析景观空间格局的特征指数，可以从宏观角度分析区域生态环境变化情况（刘江等，2014）。本书选取斑块数（NP）、平均斑块面积（MPS）、边界密度（ED）、聚集度指数（AI）等来描述在类型和景观层次上的景观格局变化情况。景观格局指数只针对一级生态系统类型在景观和类型水平上开展计算。景观指数的计算采用常用景观指数计算软件 Fragstats（何原荣和周青山，2008）。操作中使用 Arcmap 软件分别将各级生态系统数据转换为 GRID 格式，再分别将数据导入 Fragstats3.3 软件。打开 Fragstats3.3 软件，启动 Fragstats→Set Run Parameters，选择输入文件的格式类型为 ArcGrid。单击 Gridname，打开需要分析的文件夹，并选取相应的景观指数，便可以得到计算结果。

北部湾经济区分为东、西、南、北四部分，其中北部只包含了南宁市，为了避免与省级层面计算的格局重复，将北部与西部合在一起计算其景观格局的变化，北部和西部、南部、东部的一级生态系统景观水平格局特征及其变化、一级生态系统类型水平景观格局特征及变化分别见表 4-16 ~ 表 4-21。

北部和西部斑块密度（PD）逐渐减小，平均斑块面积（MPS）则逐年上升，说明各类型斑块逐渐发生聚合，小的斑块逐渐消失。最大斑块指数（LPI）在 2005 年下降比较明显，反映了斑块破碎化的过程。蔓延度指数（CONT）和聚集度指数（AI）都逐渐上升，说明景观格局逐渐聚集，呈集中分布的趋势。

表 4-16　北部和西部一级生态系统景观水平格局特征及其变化

年份	斑块密度 (PD)/个	最大斑块指数 (LPI)	平均斑块面积 (MPS)/hm²	边界密度 (ED)/(m/hm²)	蔓延度指数 (CONT)/%	聚集度指数 (AI)
2000	2.132	24.800	46.914	42.532	63.361	93.589
2005	2.065	14.797	48.416	42.028	63.554	93.665
2010	2.012	27.554	49.700	41.889	64.079	93.685

表 4-17　北部和西部一级生态系统类型水平景观格局特征及变化

景观指数	年份	森林	草地	湿地	农田	城镇
斑块密度 (PD)/个	2000	0.4783		0.1264	0.7606	0.4667
	2005	0.4704		0.1257	0.7557	0.4493
	2010	0.4619		0.1268	0.7474	0.4281
边界密度 (ED)	2000	31.0545		4.0843	32.6963	7.4456
	2005	30.6385		4.0841	32.7514	7.4911
	2010	30.5387		4.1028	32.962	7.7058

景观指数	年份	森林	草地	湿地	农田	城镇
最大斑块指数（LPI）	2000	14.8024		0.3037	24.8003	0.2663
	2005	14.7974		0.3037	14.5292	0.3805
	2010	27.5541		0.3037	12.8387	0.4548
平均斑块面积（MPS）/hm²	2000	97.7789		21.3073	53.4422	7.3554
	2005	99.5649		21.4325	53.8453	7.9357
	2010	101.933		21.1714	54.5983	8.8537
斑块结合度（COHESION）	2000	99.9263		98.7441	99.9303	95.9541
	2005	99.9256		98.7698	99.8934	96.7749
	2010	99.9504		98.7706	99.8813	97.2908
聚集度指数（AI）	2000	94.9997		88.0296	93.957	83.7145
	2005	95.0735		88.037	93.9535	84.2263
	2010	95.1148		87.9588	93.9321	84.7259

南部斑块密度（PD）先减小后增加，平均斑块面积（MPS）则先上升后下降，说明各类型斑块 2005 年前逐渐发生聚合，小的斑块逐渐消失，在 2005 年后小的斑块逐渐增加，逐渐发生了离散。最大斑块指数（LPI）在 2005 年前下降比较明显，反映了斑块破碎化的过程。蔓延度指数（CONT）和聚集度指数（AI）都逐渐下降，说明景观格局逐渐分散，呈离散分布的趋势。

表 4-18　南部一级生态系统景观水平格局特征及其变化

年份	斑块密度（PD）/个	最大斑块指数（LPI）	平均斑块面积（MPS）/hm²	边界密度（ED）/(m/hm²)	蔓延度指数（CONT）/%	聚集度指数（AI）
2000	0.927	63.707	107.903	19.046	74.685	97.102
2005	0.917	40.516	109.080	18.975	74.538	97.113
2010	0.920	39.765	108.707	19.781	73.259	96.991

表 4-19　南部一级生态系统类型水平景观格局特征及变化

景观指数	年份	森林	草地	湿地	农田	城镇
斑块密度（PD）/个	2000	0.206		0.127	0.117	0.214
	2005	0.205		0.124	0.118	0.209
	2010	0.209		0.117	0.126	0.203
边界密度（ED）	2000	8.955		4.493	16.253	4.123
	2005	8.929		4.469	16.186	4.101
	2010	9.071		4.421	16.846	4.823

景观指数	年份	森林	草地	湿地	农田	城镇
最大斑块指数（LPI）	2000	6.069		0.572	63.707	0.394
	2005	6.034		0.572	40.516	0.482
	2010	6.050		0.581	39.765	0.820
平均斑块面积（MPS）/hm²	2000	89.828		32.941	627.076	9.406
	2005	90.356		33.984	623.770	10.338
	2010	89.795		36.119	571.076	15.803
斑块结合度（COHESION）	2000	99.695		98.868	99.987	96.642
	2005	99.696		98.872	99.972	96.954
	2010	99.690		98.925	99.972	97.755
聚集度指数（AI）	2000	96.325		91.804	98.319	84.533
	2005	96.331		91.909	98.321	85.656
	2010	96.318		92.041	98.223	88.598

东部斑块密度（PD）逐渐减小，平均斑块面积（MPS）则逐年上升，说明各类型斑块逐渐发生聚合，小的斑块逐渐消失。最大斑块指数（LPI）在 2005～2010 年下降比较明显，反映了斑块破碎化的过程。2000～2005 年，蔓延度指数（CONT）和聚集度指数（AI）都逐渐上升，说明景观格局逐渐聚集，呈集中分布的趋势。

表 4-20　东部一级生态系统景观水平格局特征及其变化

年份	斑块密度（PD）/个	最大斑块指数（LPI）	平均斑块面积（MPS）/hm²	边界密度（ED）/（m/hm²）	蔓延度指数（CONT）/%	聚集度指数（AI）
2000	1.857	29.572	53.847	34.163	68.437	95.424
2005	1.736	30.241	57.601	33.441	68.516	95.579
2010	1.708	28.341	58.541	33.352	68.225	95.813

表 4-21　东部一级生态系统类型水平景观格局特征及变化

景观指数	年份	森林	草地	湿地	农田	城镇
斑块密度（PD）/个	2000	0.2694	0.0061	0.7195	0.7572	0.723
	2005	0.2398	0.0057	0.6806	0.7369	0.659
	2010	0.2002	0.0032	0.6887	0.6658	0.609
边界密度（ED）	2000	16.402	0.096	15.244	30.902	18.028
	2005	15.676	0.097	14.392	29.216	17.600
	2010	14.935	0.066	14.314	27.680	17.249

景观指数	年份	森林	草地	湿地	农田	城镇
最大斑块指数（LPI）	2000	14.666	0.0072	4.194	1.545	3.451
	2005	14.689	0.0072	4.005	1.531	5.664
	2010	14.627	0.0052	3.909	1.282	6.753
平均斑块面积（MPS）/hm²	2000	168.560	9.762	15.384	36.195	20.787
	2005	189.125	10.183	15.615	34.882	26.006
	2010	223.869	14.161	15.323	36.627	31.974
斑块结合度（COHESION）	2000	99.9097	94.0862	99.6703	99.5468	99.6406
	2005	99.9097	93.9532	99.6560	99.4758	99.7517
	2010	99.9120	94.2532	99.6433	99.4190	99.7781
聚集度指数（AI）	2000	97.242	88.016	89.602	91.516	90.987
	2005	97.360	87.766	89.776	91.449	92.282
	2010	97.456	89.185	89.765	91.460	93.325

第5章 区域生态承载力十年变化

生态承载力是指区域内真正拥有的生物生产性空间的面积，是一种真实土地面积，反映了生态系统对人类活动的供给程度。分析北部湾经济区综合生态承载力格局与变化，对于揭示社会经济发展与区域生态承载力的相互作用机理，辨识重点开发区综合生态承载力变化的主要驱动力具有重要作用。本章分析了北部湾经济区总体、各地区和各市县等三种空间尺度下的总生态承载力和人均承载力变化。

5.1 生态承载力模型

生态承载力是指区域内真正拥有的生物生产性空间的面积，是一种真实土地面积，反映了生态系统对人类活动的供给程度（曹园园等，2015）。

在核算生态承载力时，借助于产量因子和均衡因子进行调整核算，使不同种类生产性土地转化为具有同一生产力水平的土地面积，其计算公式如下。

$$\text{ec} = \left(\sum_{k=1}^{n} A_i \times \text{EQ}_i \times Y_i \right) / N$$
$$\text{EC} = N \times \text{ec}$$

式中，ec 为人均生态承载力（hm^2/人）；EC 为生态总承载力，指生态系统通过自我维持、自我调节，所能支撑的最大社会经济活动强度和具有一定生活水平的人口数量，是一个地区的资源状况和生态质量的综合体现（hm^2），由于北部湾经济区沿海生态环境十年变化评估是基于遥感调查的评估，在此仅评估生态用地的生态承载力；A_i 为不同类型生态生产性土地面积，各区县不同类型生产性土地面积来自于遥感解译的生态系统分布数据，即先将数据转化成矢量数据，再将湿地生态系统汇总的森林沼泽、灌木沼泽、灌木生态系统和森林生态系统合并为林地，草本沼泽和草地生态系统合并为草地，剩余湿地生态系统和荒漠中的冰川/永久积雪合并为水域，耕地系统合并为农地，人工表面合并为建筑用地；EQ_i 为均衡因子；Y_i 为不同类型生态生产性土地产量调整系数，即产量因子；N 为总人口数。本书采用 Wackernagel 关于均衡因子计算的研究成果，而产量因子取自文献中的中国平均值。

5.2 北部湾经济区承载力的变化

总体而言，北部湾经济区生态承载力整体呈下降趋势，2000 年人均生态承载力为 0.776hm^2/人，2005 年下降到了 0.582hm^2/人，下降了 25%。到了 2010 年，人均生态承载力再次下降至 0.537hm^2/人，与 2005 年相比下降了 7.73%。后五年与前五年相比，下降的程度有所减缓。2000～2010 年，北部湾经济区生态承载力共下降了 30.80%（表5-1）。

表5-1 北部湾经济区总生态承载力十年变化

地区	2000 年	2005 年	2010 年
北部湾经济区总生态承载力/hm²	16 595 291.510	16 577 486.230	16 584 125.650
北部湾经济区人均生态承载力/(hm²/人)	0.776	0.582	0.537

北部湾东部地区总生态承载力十年变化见表5-2，东部地区人均生态承载力变化见表5-3，东部地区人均生态承载力十年变化图如图5-1所示。北部湾经济区东部地区人均生态承载力在2000~2005年下降了19.23%。2005~2010年，人均生态承载力再次下降了8.49%。后五年与前五年相比，下降程度同样有所减缓。2000~2010年，北部湾经济区东部地区生态承载力共下降了26.09%，其中，湛江市生态承载力下降了22.48%，茂名市生态承载力下降了29.93%。

表5-2 北部湾东部地区总生态承载力十年变化 （单位：hm²）

地区	2000 年	2005 年	2010 年
湛江市	2 402 278.067	2 383 669.905	2 389 756.966
茂名市	4 359 393.105	4 349 677.715	4 354 619.182
东部	6 761 671.173	6 733 347.620	6 744 376.148

表5-3 北部湾东部地区人均生态承载力十年变化 （单位：hm²/人）

地区	2000 年	2005 年	2010 年
湛江市	0.396	0.333	0.307
茂名市	0.832	0.640	0.583
东部	0.598	0.483	0.442

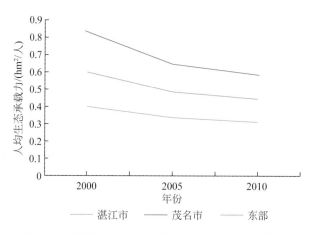

图5-1 北部湾东部地区人均生态承载力十年变化图

北部湾北部地区总生态承载力十年变化见表5-4，北部地区人均生态承载力变化见表

5-5。北部湾经济区北部地区人均生态承载力在 2000～2005 年下降了 55.26%。2005～2010 年，人均生态承载力再次下降了 3.22%。后五年与前五年相比，下降程度大大减缓。2000～2010 年，北部湾经济区北部地区生态承载力共下降了 56.69%。

表5-4 北部湾北部地区总生态承载力十年变化　（单位：hm²）

地区	2000 年	2005 年	2010 年
南宁市	6 819 818.359	6 768 415.004	6 748 769.415
北部	6 819 818.359	6 768 415.004	6 748 769.415

表5-5 北部湾北部地区人均生态承载力十年变化　（单位：hm²/人）

地区	2000 年	2005 年	2010 年
南宁市	2.293	1.026	0.993
北部	2.293	1.026	0.993

北部湾西部地区总生态承载力十年变化见表5-6，西部地区人均生态承载力变化见表5-7，西部地区人均生态承载力十年变化图如图5-2所示。北部湾经济区西部地区人均生态承载力在 2000～2005 年下降了 4.13%。2005～2010 年，人均生态承载力再次下降了 8.75%。总体下降不多，但后五年与前五年相比，下降速度有所加快。2000～2010 年，北部湾经济区西部地区生态承载力共下降了 12.52%。其中，下降最快的是钦州市，十年间下降了 13.29%。下降程度最小的是西部地区人均生态承载力最大的防城港市，十年来下降了 8.63%。

表5-6 北部湾西部地区总生态承载力十年变化　（单位：hm²）

地区	2000 年	2005 年	2010 年
北海市	885 104.768	884 426.1343	882 760.753
防城港市	1 001 585.969	1 003 609.223	1 011 244.002
钦州市	2 205 191.581	2 215 023.195	2 226 155.112
西部	4 091 882.318	4 103 058.552	4 120 159.867

表5-7 北部湾西部地区人均生态承载力十年变化　（单位：hm²/人）

地区	2000 年	2005 年	2010 年
北海市	0.625	0.593	0.546
防城港市	1.287	1.257	1.176
钦州市	0.677	0.649	0.587
西部	0.751	0.720	0.657

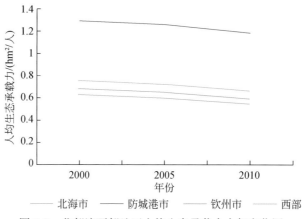

图 5-2 北部湾西部地区人均生态承载力十年变化图

北部湾南部地区总生态承载力十年变化见表 5-8，南部地区人均生态承载力变化见表 5-9，南部地区人均生态承载力十年变化图如图 5-3 所示。北部湾经济区南部地区人均生态承载力在 2000～2005 年下降了 25.26%。2005～2010 年，人均生态承载力再次下降了 10.14%。后五年与前五年相比，下降速度有所减缓。2000～2010 年，北部湾经济区南部地区生态承载力共下降了 32.84%。其中，下降最快的是海口市。2000 年，其生态承载力在南部地区排名中游，2000～2005 年，由于工业化与城镇化速度太快，生态承载力下降得十分迅速，单单这五年就下降了 61.07%，十年间共下降了 64.23%，致使其远远落后于南部地区的其他城市。下降程度最小的是澄迈县，十年来下降了 13.63%。

表 5-8　北部湾南部地区总生态承载力十年变化　　　　　（单位：hm²）

地区	2000 年	2005 年	2010 年
海口市	958 873.269	958 758.729	958 982.133
儋州市	1 296 656.948	1 296 173.825	1 289 850.302
东方市	715 087.023	715 027.691	708 252.292
澄迈县	868 132.830	867 881.306	867 382.641
临高县	575 873.741	575 326.393	575 329.814
昌江县	477 791.600	476 992.795	472 114.756
乐东县	849 322.608	850 919.318	847 677.695
南部	5 741 738.019	5 741 080.056	5 719 589.633

表 5-9　北部湾南部地区人均生态承载力十年变化　　　　（单位：hm²/人）

地区	2000 年	2005 年	2010 年
海口市	1.672	0.651	0.598
儋州市	1.497	1.320	1.207

地区	2000 年	2005 年	2010 年
东方市	1.957	1.819	1.599
澄迈县	1.798	1.707	1.553
临高县	1.416	1.346	1.171
昌江县	2.116	1.977	1.561
乐东县	1.873	1.738	1.576
南部	1.702	1.272	1.143

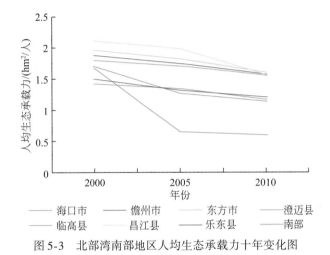

图 5-3　北部湾南部地区人均生态承载力十年变化图

北部湾经济区各个地区人均生态承载力变化见表 5-10 和图 5-4。北部地区 2000 年的时候生态承载力最大，但是在 2000～2005 年下降了 55.26%，到 2010 年共下降了 56.69%，是北部湾各个地区中生态承载力下降最多的地区。北部湾西部地区这十年来共下降了 12.52%，是北部湾各个地区中生态承载力下降最少的地区。总体而言，受 2000～2005 年这五年来工业化和城镇化的迅猛发展的影响，北部湾各个地区的生态承载能力都在这五年下降较大，只有西部地区后五年比前五年的下降程度略有上升。北部湾经济区生态承载力变化分布图如图 5-5 所示。

表 5-10　北部湾经济区各地区人均生态承载力十年变化　　　（单位：hm²/人）

地区	2000 年	2005 年	2010 年
东部	0.598	0.483	0.442
北部	2.293	1.026	0.993
西部	0.751	0.720	0.657
南部	1.702	1.272	1.143
北部湾经济区	0.776	0.582	0.537

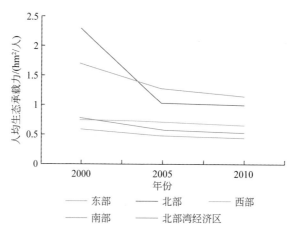

图 5-4　北部湾经济区各地区人均生态承载力十年变化图

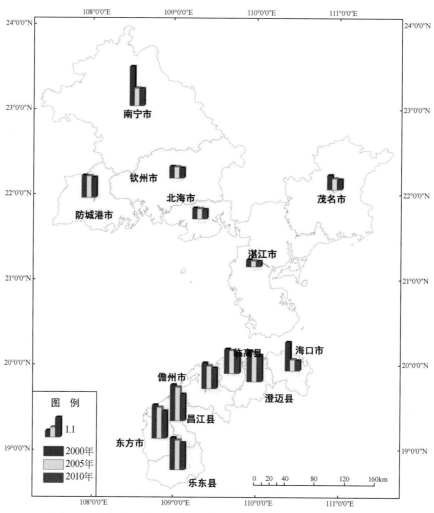

图 5-5　北部湾经济区生态承载力十年变化分布图（单位：hm²）

制图单位：环境保护部华南环境科学研究所　制图时间：2013 年 3 月

第6章 生态环境质量十年变化

通过分析和对比北部湾经济区在不同年份的生态环境质量，获取北部湾经济区生态环境质量十年间的变化，刻画和阐明北部湾经济区生态环境质量特征及演变，对经济发展过程产生的共性生态环境问题和特性生态环境问题进行分析。本章主要建立北部湾经济区生态环境质量评价方法与指标，对2000年、2005年和2010年北部湾经济区的生态环境质量进行综合评价，主要包括植被破碎化度、植被覆盖、生物量、湿地退化、滩涂退化、地表水环境、大气环境和海洋生态等评价内容。

6.1 植被破碎化度

用植被的斑块密度PDI，即单位面积的植被斑块数目（个/km²），来定量描述植被的破碎化程度（胡亮，2006）。

$$PDI_{i,\,t} = \frac{NP_{i,\,t}}{A_i}$$

式中，$PDI_{i,t}$为第i个县（区）第t年的斑块密度；$NP_{i,t}$为第i个县（区）第t年的斑块数（个）；A_i为第i个县（区）的国土面积（km²）。

北部湾经济区植被破碎化程度十年变化见表6-1和图6-1。总体来说，北部湾经济区植被破碎度十年间逐年下降，2000~2005年下降了4.29%，2005~2010年下降了2.99%，十年来共下降了7.14%。其中，西部地区植物破碎化程度最高，2010年仍保持在2.48个/km²，东部地区下降比例最高，十年来植物破碎化程度下降了10.48%，南部地区植物破碎化程度最低，这十年来也基本保持稳定，只下降了2.97%。

北部湾东部地区植被破碎化程度十年变化见表6-2和图6-2。北部湾东部地区植被破碎度十年间也逐年下降，2000~2005年下降了7.66%，2005~2010年下降了3.06%，前五年下降程度比后五年略高，这十年来共下降了10.48%。其中，湛江市植被破碎化程度下降较明显，十年间共下降了16.00%，茂名市下降了6.69%。

表6-1 北部湾经济区植被破碎化程度十年变化　　　　（单位：个/km²）

地区	2000年	2005年	2010年
东部	2.48	2.29	2.22
北部	2.02	1.94	1.86
西部	2.57	2.52	2.48
南部	1.01	1.02	0.98
北部湾经济区	2.10	2.01	1.95

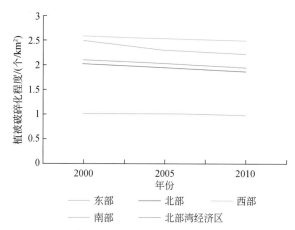

图 6-1   北部湾经济区植被破碎化程度十年变化图

表 6-2   北部湾东部地区植被破碎化程度十年变化　　　　　（单位：个/km²）

地区	2000 年	2005 年	2010 年
湛江市	2.00	1.80	1.68
茂名市	2.99	2.84	2.79
东部	2.48	2.29	2.22

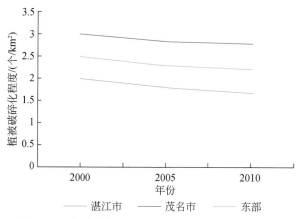

图 6-2   北部湾东部地区植被破碎化程度十年变化图

北部湾北部地区植被破碎化程度十年变化见表 6-3。由表 6-3 可知，2000～2005 年北部地区植被破碎化程度下降了 3.96%，2005～2010 年下降了 4.12%，下降速度基本保持稳定，这十年来共下降了 7.92%。

表 6-3   北部湾北部地区植被破碎化程度十年变化　　　　　（单位：个/km²）

地区	2000 年	2005 年	2010 年
南宁市	2.02	1.94	1.86
北部	2.02	1.94	1.86

北部湾西部地区植被破碎化程度十年变化见表 6-4 和图 6-3。西部地区这十年植被破碎化程度保持比较稳定，2000~2005 年下降了 1.95%，2005~2010 年下降了 1.59%，这十年来共下降了 3.50%。其中下降程度最大的是植被破碎化程度最低的防城港市，十年来下降了 4.17%。

表 6-4　北部湾西部地区植被破碎化程度十年变化　　（单位：个/km²）

地区	2000 年	2005 年	2010 年
北海市	2.20	2.17	2.13
防城港市	2.16	2.10	2.07
钦州市	2.92	2.86	2.82
西部	2.57	2.52	2.48

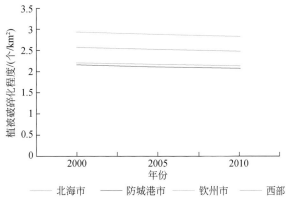

图 6-3　北部湾西部地区植被破碎化程度十年变化图

北部湾南部地区植被破碎化程度十年变化见表 6-5 和图 6-4。由此可知，南部地区这十年植被破碎化程度也是趋于稳定的，2000~2005 年上升了 0.99%，2005~2010 年下降了 3.92%，这十年来共下降了 2.97%。其中昌江县植被破碎化程度最高，十年来不降反升，上涨了 2.19%。南部地区植被破碎化程度下降最大的是临高县，十年来下降了 14.82%。

表 6-5　北部湾南部地区植被破碎化程度十年变化　　（单位：个/km²）

地区	2000 年	2005 年	2010 年
海口市	0.59	0.58	0.52
儋州市	1.13	1.15	1.14
东方市	1.14	1.14	1.15
澄迈县	0.79	0.84	0.73
临高县	0.81	0.77	0.69
昌江县	1.37	1.40	1.40
乐东县	1.14	1.18	1.11
南部	1.01	1.02	0.98

北部湾经济区植被破碎化程度分布图如图 6-5 所示。

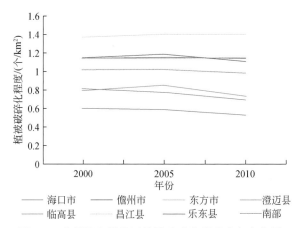

图 6-4 北部湾南部地区植被破碎化程度十年变化图

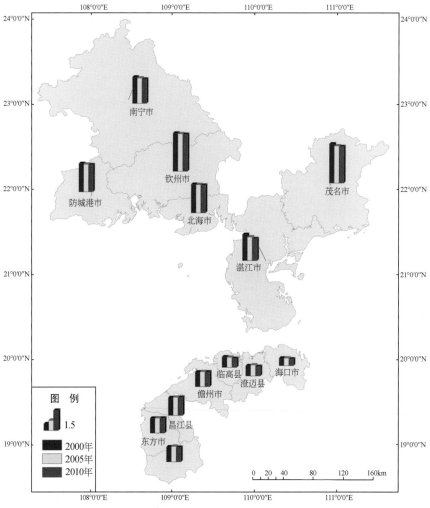

图 6-5 北部湾经济区植被破碎化程度十年变化（单位：个/km²）

制图单位：环境保护部华南环境科学研究所 制图时间：2013 年 3 月

6.2　植　被　覆　盖

通过植被覆盖面积及其所占国土面积比例和植被覆盖度指数来定量描述植被的覆盖情况（王爱芸和赵志芳，2015）。植被覆盖面积由全国土地遥感分类数据获取，其中植被包括各种自然植被覆盖，如森林、草地等。植被覆盖度指数计算方法如下。

$$F_c = \frac{\text{NDVI} - \text{NDVI}_{\text{soil}}}{\text{NDVI}_{\text{veg}} - \text{NDVI}_{\text{soil}}}$$

式中，F_c 为植被覆盖度（%）；NDVI 通过遥感影像近红外波段与红光波段的发射率来计算，本书建议采用 MODIS 的 NDVI 数据产品计算；NDVI_{veg} 为纯植被像元的 NDVI 值；$\text{NDVI}_{\text{soil}}$ 为完全无植被覆盖像元的 NDVI 值。

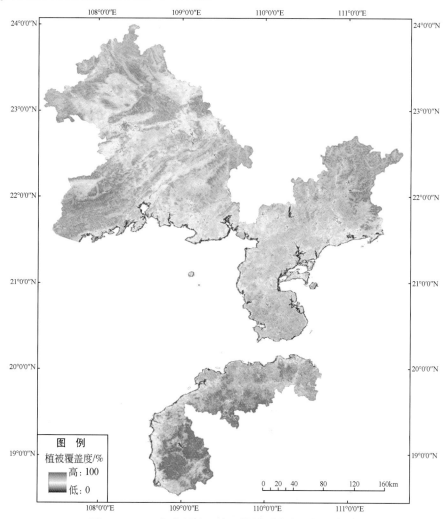

图 6-6　2000 年北部湾经济区植被覆盖度空间分布图

制图单位：环境保护部华南环境科学研究所　制图时间：2013 年 11 月

2000～2010年北部湾经济区植被覆盖度总体上是先下降后上升，十年间植被覆盖度略有增加。植被覆盖度空间分布如图6-6～图6-8所示。

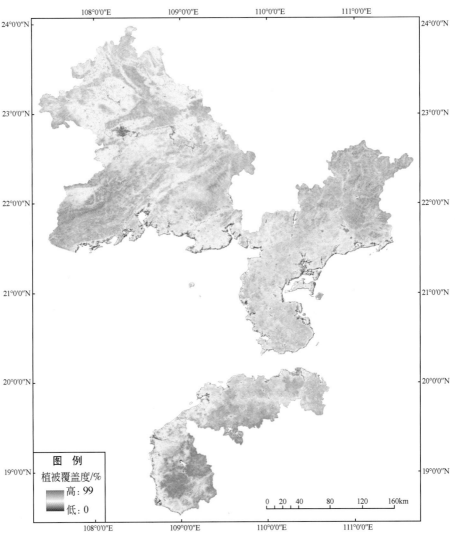

图6-7　2005年北部湾经济区植被覆盖度空间分布图

制图单位：环境保护部华南环境科学研究所　制图时间：2013年11月

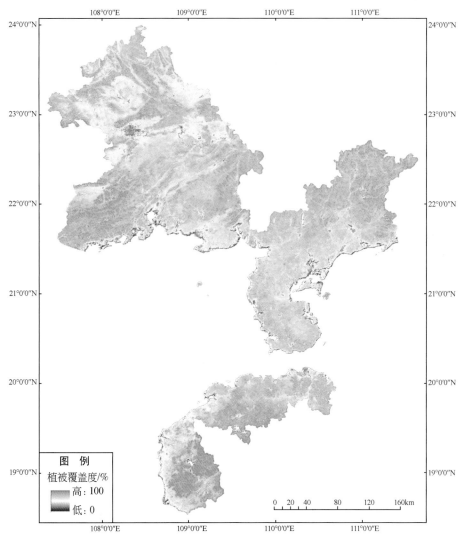

图 6-8   2010 年北部湾经济区植被覆盖度空间分布图

制图单位：环境保护部华南环境科学研究所   制图时间：2013 年 11 月

2000～2005 年北部湾经济区植被覆盖度变化分布如图 6-9 所示，2000～2005 年，北部湾经济区大部分地区植被覆盖度呈下降趋势。

2005～2010 年北部湾经济区植被覆盖度变化分布如图 6-10 所示，2005～2010 年，北部湾经济区大部分地区植被覆盖度呈上升趋势。

2000～2010 年北部湾经济区植被覆盖度变化分布如图 6-11 所示，总体而言，2000～2010 年，北部湾经济区植被覆盖度呈上升趋势的地区面积更大。

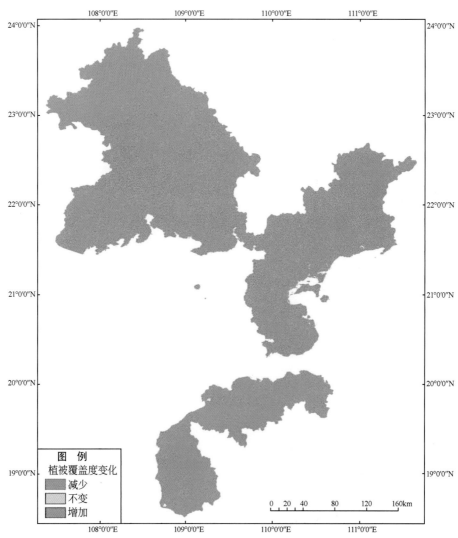

图6-9　2000～2005年北部湾经济区植被覆盖度变化分布图

制图单位：环境保护部华南环境科学研究所　制图时间：2013年11月

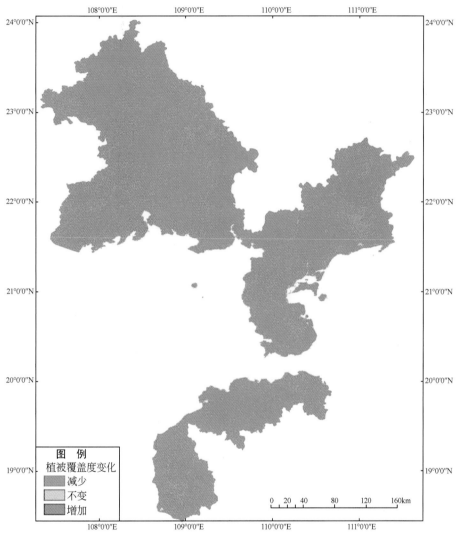

图 6-10　2005～2010 年北部湾经济区植被覆盖度变化分布图

制图单位：环境保护部华南环境科学研究所　制图时间：2013 年 11 月

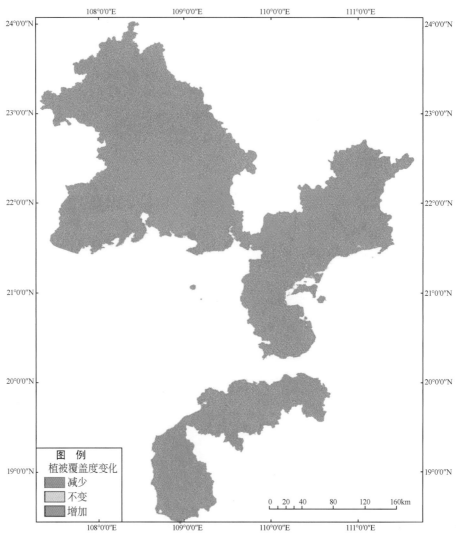

图 6-11　2000～2010 年北部湾经济区植被覆盖度变化分布图

制图单位：环境保护部华南环境科学研究所　制图时间：2013 年 11 月

6.3　生　物　量

北部湾经济区大部分区域植被生物量在 2000～2005 年为增加趋势，2005～2010 年大部分区域呈下降趋势，2000～2010 年区域植被生物量总体上呈一种略上升趋势。植被生物量空间分布如图 6-12～图 6-14 所示。

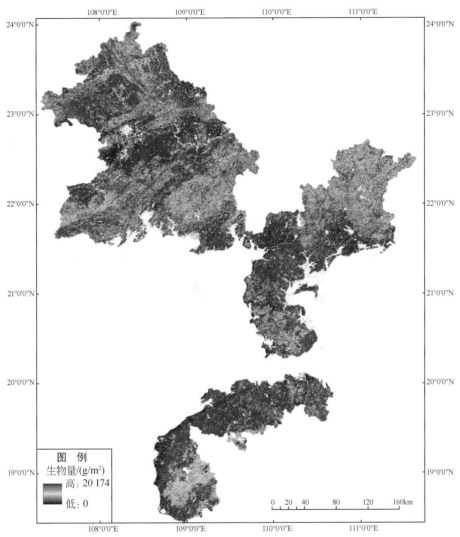

图 6-12　2000 年北部湾经济区植被生物量空间分布图

制图单位：环境保护部华南环境科学研究所　制图时间：2013 年 11 月

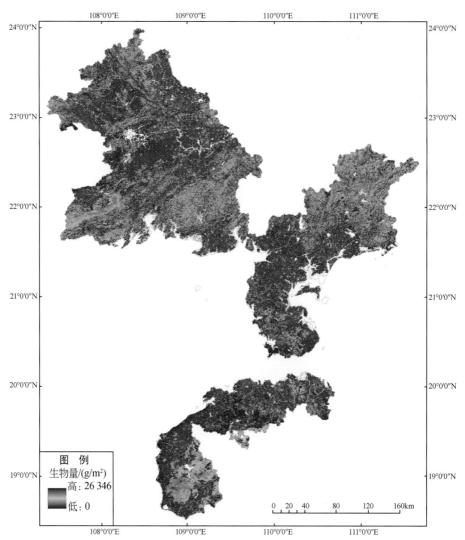

图 6-13　2005 年北部湾经济区植被生物量空间分布图

制图单位：环境保护部华南环境科学研究所　制图时间：2013 年 11 月

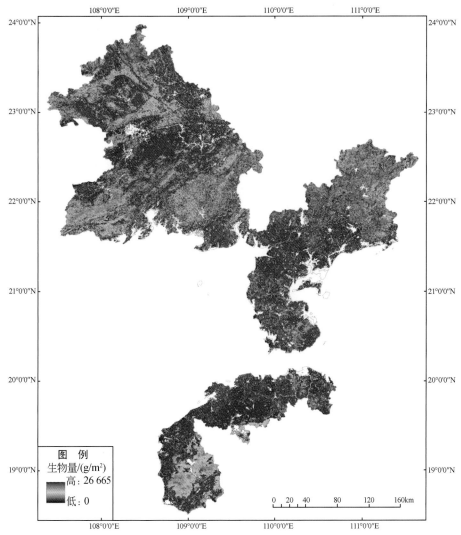

图 6-14　2010 年北部湾经济区植被生物量空间分布

制图单位：环境保护部华南环境科学研究所　制图时间：2013 年 11 月

　　2000～2005 年北部湾经济区生物量变化分布如图 6-15 所示，2005～2010 年，北部湾经济区大部分地区生物量呈上升趋势。

　　2005～2010 年北部湾经济区生物量变化分布如图 6-16 所示，2005～2010 年，北部湾经济区大部分地区生物量呈下降趋势。

　　2000～2010 年北部湾经济区生物量变化分布如图 6-17 所示，总体而言，2000～2010 年，北部湾经济区生物量呈上升趋势的区域面积更大。

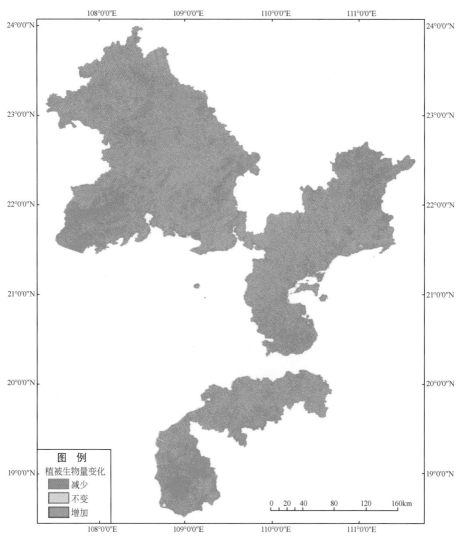

图 6-15　2000～2005 年北部湾经济区生物量变化分布图

制图单位：环境保护部华南环境科学研究所　制图时间：2013 年 11 月

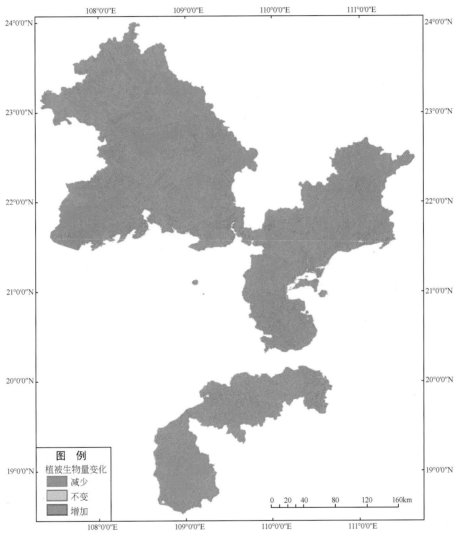

图 6-16　2005～2010 年北部湾经济区生物量变化分布图

制图单位：环境保护部华南环境科学研究所　制图时间：2013 年 11 月

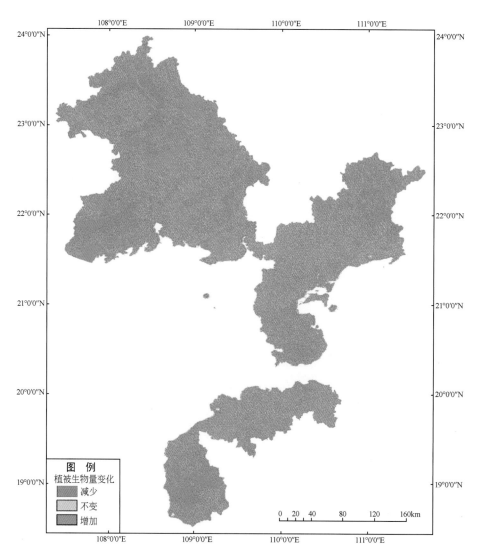

图 6-17　2000～2010 年北部湾经济区生物量变化分布图

制图单位：环境保护部华南环境科学研究所　制图时间：2013 年 11 月

6.4 湿地退化

采用湿地面积变化率 R 来评估湿地是否退化及退化的程度（陈颖和张明祥，2012），公式及分级标准如下所述。

$$R = (A_{T2} - A_{T1})/A_{T1} \times 100\%$$

式中，R 为评价单元内湿地面积变化率；A_{T1} 和 A_{T2} 分别为 T1 时段和 T2 时段评价单元内的湿地面积。

根据 R 值判断湿地的退化状况，湿地变化共分为萎缩湿地、稳定湿地和扩张湿地三个类型（许凤娇，2014）。当 R>5% 时，为扩张湿地；–5% <R<5% 时，为稳定湿地；当 R<–5% 时，为萎缩湿地。萎缩湿地进一步分为轻度、中度、重度、极重度 4 个等级。

北部湾经济区湿地退化程度评价见表6-6，湿地退化十年变化如图6-18所示，区域湿地十年间呈现一种稳定的状态。

表 6-6　北部湾湿地退化程度评价表

地区	面积/hm²			湿地面积变化率（R 值）/%					
	2000 年	2005 年	2010 年	R2000 ~ 2005 年	湿地退化程度	R2005 ~ 2010 年	湿地退化程度	R2000 ~ 2010 年	湿地退化程度
湛江市	321.48	318.40	319.79	−0.96	稳定湿地	0.44	稳定湿地	−0.53	稳定湿地
茂名市	642.58	627.93	643.62	−2.28	稳定湿地	2.50	稳定湿地	0.16	稳定湿地
东部	964.07	946.34	963.41	−1.84	稳定湿地	1.80	稳定湿地	−0.07	稳定湿地
南宁市	452.24	453.23	453.50	0.22	稳定湿地	0.06	稳定湿地	0.28	稳定湿地
北部	452.24	453.23	453.50	0.22	稳定湿地	0.06	稳定湿地	0.28	稳定湿地
北海市	206.84	207.11	206.72	0.13	稳定湿地	−0.19	稳定湿地	−0.06	稳定湿地
防城港市	173.46	172.98	173.90	−0.28	稳定湿地	0.53	稳定湿地	0.25	稳定湿地
钦州市	182.86	182.82	184.52	−0.02	稳定湿地	0.93	稳定湿地	0.91	稳定湿地
西部	563.16	562.91	565.15	−0.04	稳定湿地	0.40	稳定湿地	0.35	稳定湿地
海口市	102.78	102.46	101.23	−0.31	稳定湿地	−1.20	稳定湿地	−1.51	稳定湿地
儋州市	154.36	154.92	157.61	0.36	稳定湿地	1.74	稳定湿地	2.11	稳定湿地
东方市	106.24	107.62	107.04	1.30	稳定湿地	−0.54	稳定湿地	0.75	稳定湿地
澄迈县	53.96	54.05	53.83	0.17	稳定湿地	−0.41	稳定湿地	−0.24	稳定湿地
临高县	35.43	35.75	35.88	0.90	稳定湿地	0.36	稳定湿地	1.27	稳定湿地
昌江县	28.68	29.41	29.42	2.55	稳定湿地	0.03	稳定湿地	2.58	稳定湿地
乐东县	96.24	97.34	100.24	1.14	稳定湿地	2.98	稳定湿地	4.16	稳定湿地
南部	577.69	581.56	585.25	0.67	稳定湿地	0.64	稳定湿地	1.31	稳定湿地
北部湾经济区	2557.16	2544.03	2567.31	−0.51	稳定湿地	0.92	稳定湿地	0.40	稳定湿地

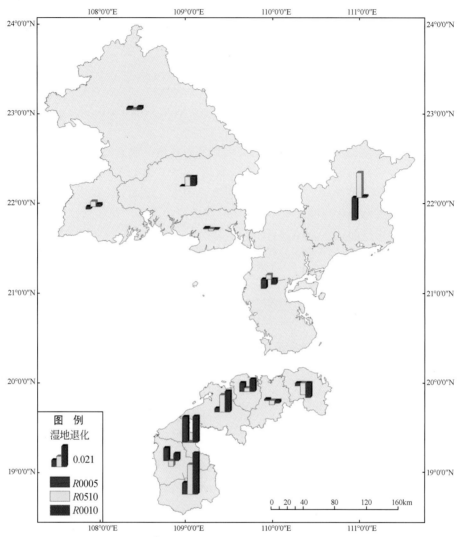

图 6-18　北部湾经济区湿地退化十年变化

制图单位：环境保护部华南环境科学研究所　制图时间：2013 年 3 月

6.5　滩　涂　退　化

　　历史滩涂资源数据来自于全国的 1∶25 万地形数据库中的北部湾经济区部分，该数据库是国家基础地理信息系统三个全国性空间数据库之一，质量优良可靠。其中区域滩涂以 1∶25 万地形图的滩涂靠海一侧界限为下限、以 1∶25 万地形数据中的海岸线为上限，上下限之间的浅滩即为滩涂，主要包括沙滩、沙砾滩、岩滩、珊瑚滩、淤泥滩、沙泥滩和红树林滩 7 种类型。1995 年区域总面积为 2016km²，各地区滩涂面积见表 6-7。

表 6-7　北部湾经济区各市县的 1995 年滩涂面积　　　　　（单位：km²）

地区	沙滩	沙砾滩	岩滩	珊瑚滩	淤泥滩	沙泥滩	红树林滩
东部	291	47	19	5	215	243	89
湛江市	275	47	19	5	166	243	89
茂名市	16	0	0	0	49	0	0
西部	485	0	3	5	145	200	54
北海市	295	0	1	0	50	97	36
防城港市	158	0	1	4	13	50	18
钦州市	32	0	1	1	82	53	0
南部	93	18	23	23	14	25	17
海口市	0	0	0	0	6	25	17
澄迈县	5	0	4	0	0	0	0
临高县	13	7	19	0	0	0	0
儋州市	62	11	0	12	8	0	0
昌江县	5	0	0	9	0	0	0
东方市	8	0	0	2	0	0	0
北部湾经济区	869	65	45	33	374	469	161

北部湾经济区各地区 1995 年滩涂组成如图 6-19 所示，历史滩涂空间分布如图 6-20 所示，从图 6-19 中可以看出，北部湾各地区沙滩面积最大，其次是沙泥滩和淤泥滩，其中南部地区除沙滩外，各滩涂种类最为平均。

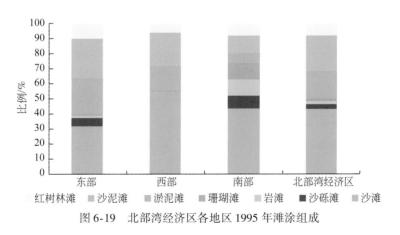

图 6-19　北部湾经济区各地区 1995 年滩涂组成

2000 年北部湾经济区东部地区被城镇建设占用的滩涂湿地面积见表 6-8。东部地区被城镇建设占用的滩涂湿地组成如图 6-21 所示。2000 年北部湾东部地区建设用地大部分占用的是淤泥滩，达到了 76.66%。其次是沙滩，还有少量的沙泥滩、沙砾滩和岩滩，基本

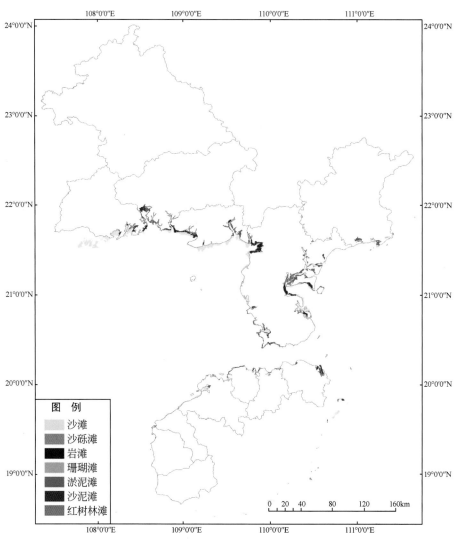

图 6-20　北部湾经济区滩涂历史空间分布图
制图单位：环境保护部华南环境科学研究所　制图时间：2013 年 11 月

没有珊瑚滩和红树林滩。其中湛江市占用的淤泥滩最多，达到 3.53km²，为东部地区被城镇建设占用的总滩涂湿地的 50.86%。

表 6-8　2000 年北部湾经济区东部各市县建设用地占用的滩涂湿地面积　　　（单位：km²）

地区	沙滩	沙砾滩	岩滩	珊瑚滩	淤泥滩	沙泥滩	红树林滩	合计
东部	1.32	0.10	0.01	0.00	5.32	0.19	0.00	6.94
湛江市	0.99	0.10	0.01	0.00	3.53	0.19	0.00	4.83
茂名市	0.32	0.00	0.00	0.00	1.79	0.00	0.00	2.11

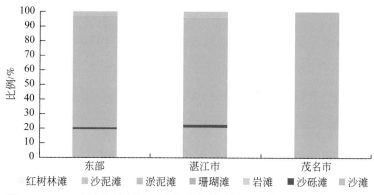

图 6-21   2000 年北部湾经济区东部各市县建设用地占用的滩涂湿地组成

2005 年北部湾经济区东部地区被城镇建设占用的滩涂湿地面积见表 6-9。东部地区被城镇建设占用的滩涂湿地组成如图 6-22 所示。2000 ~ 2005 年北部湾东部地区建设用地占用最多的依然是淤泥滩,达到了 75.57%。与 2000 年相比,总占用面积增多了 33.29%,淤泥滩占用面积增多了 31.39%,其余各滩涂湿地的类型都有不同程度的增多。其中湛江市占用的淤泥滩依然最多,达到 4.82km²,为东部地区被城镇建设占用的总滩涂湿地的 52.11%。

表 6-9   2005 年北部湾经济区东部各市县建设用地占用的滩涂湿地面积   (单位: km²)

地区	沙滩	沙砾滩	岩滩	珊瑚滩	淤泥滩	沙泥滩	红树林滩	合计
东部	1.88	0.13	0.01	0.00	6.99	0.22	0.02	9.25
湛江市	1.12	0.13	0.01	0.00	4.82	0.22	0.02	6.32
茂名市	0.76	0.00	0.00	0.00	2.18	0.00	0.00	2.94

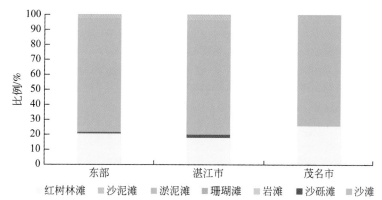

图 6-22   2005 年北部湾经济区东部各市县建设用地占用的滩涂湿地组成

2005 ~ 2010 年北部湾经济区东部地区被城镇建设占用的滩涂湿地面积见表 6-10。东部地区被城镇建设占用的滩涂湿地组成如图 6-23 所示。从图 6-23 和表 6-10 可以看出,与

2000～2005年相比，总占用面积增多了24.43%，淤泥滩占用面积增多了19.60%，增速都有略有下滑。这五年间北部湾东部地区建设用地占用最多的依然是淤泥滩，达到了72.63%。其余各滩涂湿地的类型都有不同程度的增多。其中湛江市占用的淤泥滩依然最多，达到6.13km²，为东部地区被城镇建设占用的总滩涂湿地的53.26%。

表6-10　2005～2010年北部湾经济区东部各市县建设用地占用的滩涂湿地面积

（单位：km²）

地区	沙滩	沙砾滩	岩滩	珊瑚滩	淤泥滩	沙泥滩	红树林滩	合计
东部	2.61	0.14	0.02	0.00	8.36	0.32	0.05	11.51
湛江市	1.48	0.14	0.02	0.00	6.13	0.32	0.05	8.15
茂名市	1.14	0.00	0.00	0.00	2.23	0.00	0.00	3.36

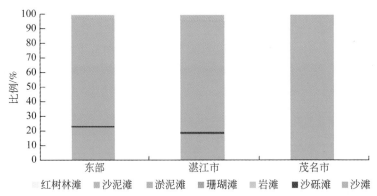

图6-23　2005～2010年北部湾经济区东部各市县建设用地占用的滩涂湿地组成

2000年北部湾经济区西部地区被城镇建设占用的滩涂湿地面积见表6-11。西部地区被城镇建设占用的滩涂湿地组成如图6-24所示。从图6-24和表6-11可以看出，2000年北部湾西部地区建设用地大部分占用的是沙滩，达到了51.36%。其次是淤泥滩和沙泥滩，还有少量的沙泥滩、珊瑚滩、红树林滩和岩滩，基本没有沙砾滩。其中防城港市占用的沙滩最多，达4.6km²，为西部地区被城镇建设占用的总滩涂湿地的32.90%，而钦州市城镇建设基本没有占用沙滩，主要占用了淤泥滩。

表6-11　2000年北部湾经济区西部各市县建设用地占用的滩涂湿地面积　　（单位：km²）

地区	沙滩	沙砾滩	岩滩	珊瑚滩	淤泥滩	沙泥滩	红树林滩	合计
西部	7.18	0.00	0.21	0.08	3.80	1.88	0.83	13.98
北海市	2.57	0.00	0.07	0.00	0.24	0.82	0.16	3.86
防城港市	4.60	0.00	0.10	0.08	0.15	0.96	0.67	6.56
钦州市	0.02	0.00	0.04	0.00	3.41	0.10	0.00	3.56

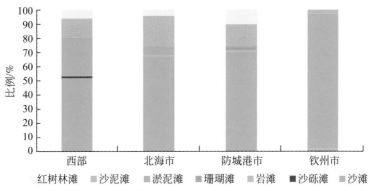

图 6-24 2000 年北部湾经济区西部各市县建设用地占用的滩涂湿地组成

2005 年北部湾经济区西部地区被城镇建设占用的滩涂湿地面积见表 6-12。西部地区被城镇建设占用的滩涂湿地组成如图 6-25 所示。2005 年西部地区被城镇建设占用的滩涂湿地比 2000 年增长了 35.12%。占用滩涂湿地最多的类型依然是沙滩,达到总占用面积的 54.69%,占用面积增长了 43.87%。其他各个类型的滩涂被占用面积都有不同程度的上涨。其中防城港市占用的沙滩依然最多,达到 7.74km²,为西部地区被城镇建设占用的总滩涂湿地的 40.97%,较上一个五年,增长了 68.26%。而钦州市城镇建设占用的淤泥滩面积也增多了 39.30%。

表 6-12 2005 年北部湾经济区西部各市县建设用地占用的滩涂湿地面积 (单位:km²)

地区	沙滩	沙砾滩	岩滩	珊瑚滩	淤泥滩	沙泥滩	红树林滩	合计
西部	10.33	0.00	0.21	0.08	5.14	1.90	1.24	18.89
北海市	2.57	0.00	0.07	0.00	0.24	0.82	0.16	3.86
防城港市	7.74	0.00	0.10	0.08	0.15	0.98	1.08	10.12
钦州市	0.02	0.00	0.04	0.00	4.75	0.10	0.00	4.91

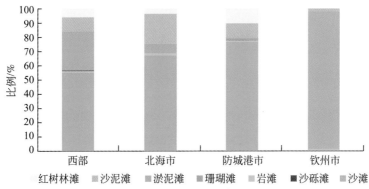

图 6-25 2005 年北部湾经济区西部各市县建设用地占用的滩涂湿地组成

2010 年北部湾经济区西部地区被城镇建设占用的滩涂湿地面积见表 6-13。西部地区被城镇建设占用的滩涂湿地组成如图 6-26 所示。2010 年西部地区被城镇建设占用的滩涂湿地比 2005 年有大幅度提高,增长了 83.27%。占用滩涂湿地最多的类型变为淤泥滩和沙砾滩，占用淤泥滩达到了总占用面积的 42.11%，占用沙砾滩达到了总占用面积的 37.12%。其他各个类型的滩涂被占用面积，除沙滩之外都有不同程度的上涨。导致这个结果的是防城港市城市建设从占用沙滩变为占用沙砾滩，达到 12.85km²，为西部地区被城镇建设占用的总滩涂湿地的 37.12%，另外钦州市城镇建设占用的淤泥滩面积也大幅增加，占用面积达 14.17km²，是 2005 年的 3 倍，为西部地区被城镇建设占用的总滩涂湿地的 40.93%。

表 6-13   2010 年北部湾经济区西部各市县建设用地占用的滩涂湿地面积   （单位：km²）

地区	沙滩	沙砾滩	岩滩	珊瑚滩	淤泥滩	沙泥滩	红树林滩	合计
西部	3.04	12.85	0.54	0.35	14.58	2.02	1.24	34.62
北海市	2.79	0.00	0.07	0.00	0.24	0.86	0.16	4.12
防城港市	0.00	12.85	0.43	0.11	0.17	1.06	1.08	15.71
钦州市	0.25	0.00	0.04	0.24	14.17	0.10	0.00	14.80

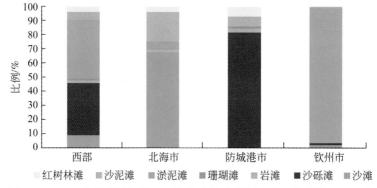

图 6-26   2010 年北部湾经济区西部各市县建设用地占用的滩涂湿地组成

2000 年北部湾经济区南部地区被城镇建设占用的滩涂湿地面积见表 6-14。南部地区被城镇建设占用的滩涂湿地组成如图 6-27 所示。2000 年北部湾南部地区建设用地占用的比较少，总面积仅为 0.49km²，大部分占用的是沙滩和淤泥滩，还有少量的沙泥滩、珊瑚滩、红树林滩、沙砾滩和岩滩。其中儋州市因城市建设占用滩涂湿地最多，为总面积的 44.90%。

表 6-14   2000 年北部湾经济区南部各市县建设用地占用的滩涂湿地面积   （单位：km²）

地区	沙滩	沙砾滩	岩滩	珊瑚滩	淤泥滩	沙泥滩	红树林滩	合计
南部	0.18	0.06	0.03	0.00	0.17	0.04	0.01	0.49
海口市	0.00	0.00	0.00	0.00	0.11	0.04	0.01	0.16
澄迈县	0.07	0.00	0.00	0.00	0.00	0.00	0.00	0.07
临高县	0.00	0.01	0.03	0.00	0.00	0.00	0.00	0.04
儋州市	0.11	0.04	0.00	0.00	0.06	0.00	0.00	0.22
昌江县	0.00	0.00	0.00	0.00	0.00	0.00	0.00	0.00
东方市	0.00	0.00	0.00	0.00	0.00	0.00	0.00	0.00

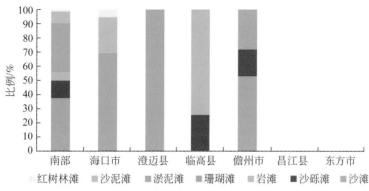

图 6-27　2000 年北部湾经济区南部各市县建设用地占用的滩涂湿地组成

2005 年北部湾经济区南部地区被城镇建设占用的滩涂湿地面积见表 6-15。南部地区被城镇建设占用的滩涂湿地组成如图 6-28 所示。2000～2005 年北部湾南部地区建设用地占用滩涂面积与前五年基本持平，沙滩占用略有增长。其中儋州市因城市建设占用滩涂湿地依然最多，为总面积的 49.02%。

表 6-15　2005 年北部湾经济区南部各市县建设用地占用的滩涂湿地面积　　　（单位：km²）

地区	沙滩	沙砾滩	岩滩	珊瑚滩	淤泥滩	沙泥滩	红树林滩	合计
南部	0.21	0.06	0.03	0.00	0.17	0.04	0.01	0.51
海口市	0.00	0.00	0.00	0.00	0.11	0.04	0.01	0.16
澄迈县	0.07	0.00	0.00	0.00	0.00	0.00	0.00	0.07
临高县	0.00	0.01	0.03	0.00	0.00	0.00	0.00	0.04
儋州市	0.14	0.04	0.00	0.00	0.06	0.00	0.00	0.25
昌江县	0.00	0.00	0.00	0.00	0.00	0.00	0.00	0.00
东方市	0.00	0.00	0.00	0.00	0.00	0.00	0.00	0.00

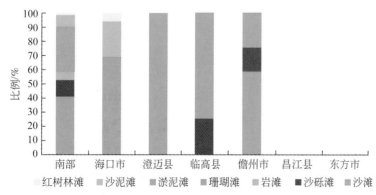

图 6-28　2005 年北部湾经济区南部各市县建设用地占用的滩涂湿地组成

2010 年北部湾经济区南部地区被城镇建设占用的滩涂湿地面积见表 6-16。南部地区被城镇建设占用的滩涂湿地组成如图 6-29 所示。2000～2005 年北部湾南部地区建设用地占用有较大幅度增长，是 2005 年的四倍。这种状况是由于儋州市这几年占用大量沙砾滩来建设城市，其占用滩涂湿地为南部地区被城镇建设占用的滩涂湿地总面积的 82.05%。

表 6-16　2010 年北部湾经济区南部各市县建设用地占用的滩涂湿地面积　　（单位：km²）

地区	沙滩	沙砾滩	岩滩	珊瑚滩	淤泥滩	沙泥滩	红树林滩	合计
南部	0.33	1.34	0.03	0.00	0.20	0.04	0.01	1.95
海口市	0.00	0.00	0.00	0.00	0.13	0.04	0.01	0.18
澄迈县	0.08	0.00	0.00	0.00	0.00	0.00	0.00	0.08
临高县	0.03	0.01	0.03	0.00	0.00	0.00	0.00	0.07
儋州市	0.20	1.33	0.00	0.00	0.06	0.00	0.00	1.60
昌江县	0.01	0.00	0.00	0.00	0.00	0.00	0.00	0.01
东方市	0.00	0.00	0.00	0.00	0.00	0.00	0.00	0.00

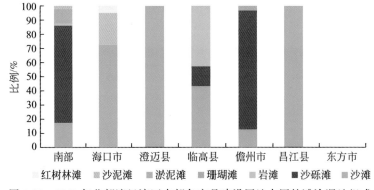

图 6-29　2010 年北部湾经济区南部各市县建设用地占用的滩涂湿地组成

2000～2010 年北部湾经济区被城镇建设占用的滩涂湿地面积变化见表 6-17，变化图如图 6-30 所示。总的来看，北部湾经济区被城镇建设占用的滩涂湿地面积逐年升高，随着城镇化进程加快，2005～2010 年的面积占用率比 2005 年之前增速大大加快。2000～2005 年，北部湾经济区被城镇建设占用的滩涂湿地增加了 33.86%，而 2005～2010 年滩涂湿地被占用面积增加了 67.76%，增速几乎为前五年的 2 倍。其中，西部被占用面积最大，2010 年达到了 34.62km²，南部占用滩涂湿地的面积最小，但是增速最快，2010 年滩涂湿地被占用的面积为 2000 年的 4 倍。

表 6-17　2000～2010 年北部湾经济区被城镇建设占用的滩涂湿地面积变化（单位：km²）

地区	2000 年	2005 年	2010 年
东部	6.94	9.25	11.51
西部	13.98	18.89	34.62
南部	0.49	0.51	1.95
北部湾经济区	21.43	28.64	48.08

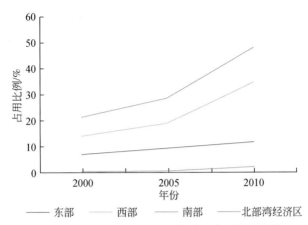

图 6-30　2000～2010 年北部湾经济区被城镇建设占用的滩涂湿地面积变化图

　　北部湾经济区 2000～2010 年被城镇建设占用的滩涂湿地类型见表 6-18，2000～2010 年被城镇建设占用的滩涂湿地组成如图 6-31 所示。除沙滩的被占用面积先增加后减小之外，其他湿地类型都是在增加。2010 年，占用比例最大的湿地滩涂类型是淤泥滩，占城镇建设占用的滩涂湿地总面积的 48.11%。2000～2005 年城镇对滩涂的直接占用面积增加了约 7km²，2005～2010 年则增加了约 20km²。

表 6-18　2000～2010 年北部湾经济区被城镇建设占用的滩涂类型

年份	沙滩	沙砾滩	岩滩	珊瑚滩	淤泥滩	沙泥滩	红树林滩	合计
2000	8.69	0.16	0.25	0.08	9.29	2.11	0.85	21.43
2005	12.41	0.19	0.25	0.08	12.3	2.15	1.26	28.64
2010	5.98	14.34	0.59	0.35	23.13	2.38	1.30	48.08

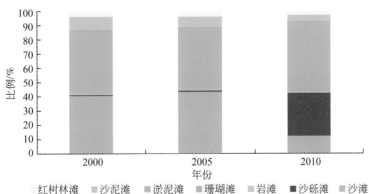

图 6-31　2000～2010 年北部湾经济区被城镇建设占用的滩涂类型组成图

2010 年，北部湾经济区被城镇建设占用的滩涂湿地总面积为 48.08km²。其中占用沙滩面积为 5.98km²，占用沙砾滩面积为 14.34km²，占用岩滩面积为 0.59km²，占用珊瑚滩面积为 0.35km²，占用淤泥滩面积为 23.13km²，占用沙泥滩面积为 2.38km²，占用红树林滩的面积为 1.3km²。北部湾经济区被城镇建设占用的滩涂湿地空间分布如图 6-32～图 6-34 所示。

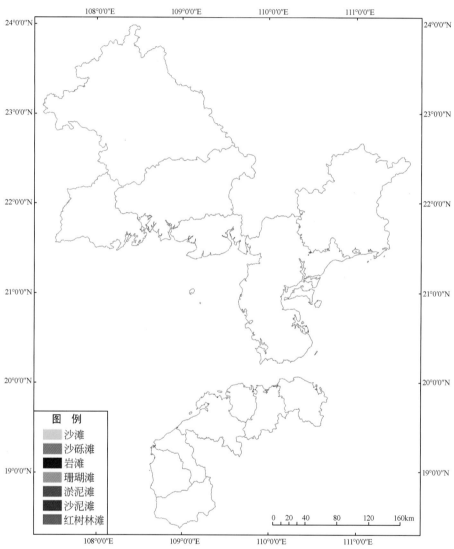

图 6-32　2000 年北部湾经济区被城镇建设占用的滩涂湿地空间分布图

制图单位：环境保护部华南环境科学研究所　制图时间：2013 年 11 月

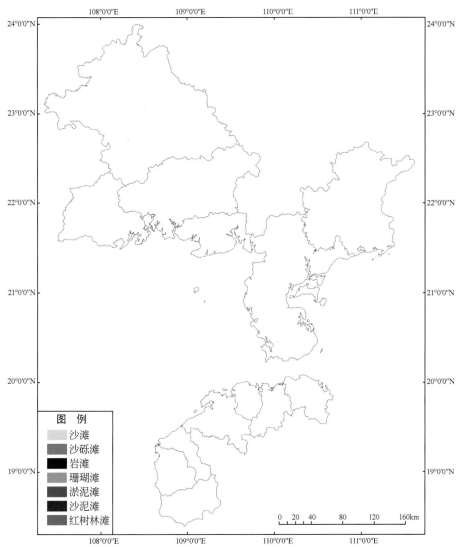

图 6-33 2005 年北部湾经济区被城镇建设占用的滩涂湿地空间分布图

制图单位：环境保护部华南环境科学研究所 制图时间：2013 年 11 月

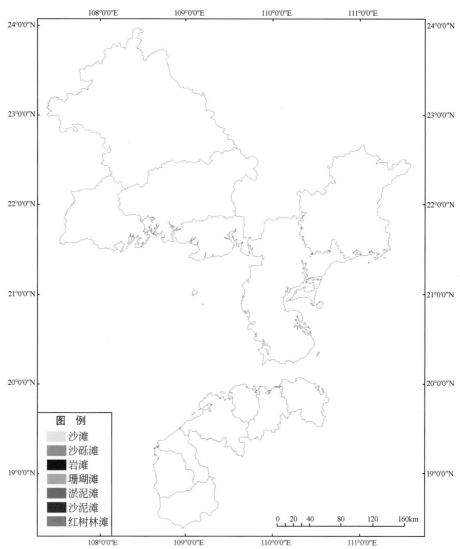

图6-34　2010年北部湾经济区被城镇建设占用的滩涂湿地空间分布图
制图单位：环境保护部华南环境科学研究所　制图时间：2013年11月

6.6 地表水环境

2000～2007 年区域河流水质变化趋势总体呈下降趋势，营养盐含量是主要影响其水质类别构成的因素。2000～2005 年水质总体下降，劣 V 类水质比例有上升趋势；2005 年水质明显恶化，劣 V 类水质比例升至 22.6%；2005 年以来总体水质有所好转，Ⅰ～Ⅲ类水质比例总体变化不大，V 类和劣 V 类水质比例呈下降趋势（表6-19 和表6-20）。

表 6-19 北部湾经济区 2000～2007 年河流水质类别统计（考虑总氮）

年份	站位数	各类河流水质所占比例/%					
		Ⅰ类	Ⅱ类	Ⅲ类	Ⅳ类	V类	劣V类
2000	48	2.1	45.8	20.8	18.8	2.1	10.4
2001	49	0.0	57.1	30.6	6.1	0.0	6.1
2002	48	0.0	33.3	27.1	25.0	4.2	10.4
2003	52	0.0	26.9	30.8	21.2	9.6	11.5
2004	52	0.0	38.5	17.3	23.1	7.7	13.5
2005	53	0.0	34.0	24.5	13.2	5.7	22.6
2006	58	0.0	25.9	36.2	15.5	5.2	17.2
2007	58	0.0	34.5	32.8	13.8	1.7	17.2

表 6-20 北部湾经济区 2000～2007 年河流水质类别统计（不考虑总氮）

年份	站位数	各类河流水质所占比例/%					
		Ⅰ类	Ⅱ类	Ⅲ类	Ⅳ类	V类	劣V类
2000	48	2.1	45.8	20.8	22.9	2.1	6.3
2001	49	0.0	65.3	26.5	6.1	2.0	0.0
2002	48	0.0	45.8	35.4	12.5	0.0	6.3
2003	52	0.0	51.9	26.9	9.6	3.8	7.7
2004	52	0.0	50.0	19.2	21.2	3.8	5.8
2005	53	0.0	41.5	32.1	18.9	3.8	3.8
2006	58	0.0	43.1	32.8	17.2	3.4	3.4
2007	58	0.0	51.7	27.6	17.2	0.0	3.4

2000～2007 年，区域湖库水质变化趋势总体呈波动型，氮磷营养盐含量是主要影响其水质类别构成的因素。2001 年水质明显恶化，Ⅰ、Ⅱ类湖库水质比例大幅度下降至42.9%，劣 V 类水质比例升至 28.6%；2002 年以来总体水质有所好转，Ⅲ类以上水质比例总体变化不大，V 类和劣 V 类水质比例呈下降趋势（表6-21、表6-22）。

表 6-21   北部湾经济区 2000~2007 年湖库水质类别统计（考虑总氮）

年份	站位数	各类湖库水质所占比例/%					
		Ⅰ类	Ⅱ类	Ⅲ类	Ⅳ类	Ⅴ类	劣Ⅴ类
2000	13	0.0	76.9	15.4	0.0	0.0	7.7
2001	14	0.0	42.9	28.6	0.0	0.0	28.6
2002	14	0.0	57.1	35.7	0.0	0.0	7.1
2003	14	0.0	71.4	21.4	0.0	0.0	7.1
2004	17	0.0	47.1	47.1	0.0	0.0	5.9
2005	17	0.0	52.9	35.3	5.9	0.0	5.9
2006	17	0.0	35.3	47.1	5.9	5.9	5.9
2007	20	0.0	35.0	50.0	5.0	5.0	5.0

表 6-22   北部湾经济区 2000~2007 年湖库水质类别统计（不考虑总氮）

年份	站位数	各类湖库水质所占比例/%					
		Ⅰ类	Ⅱ类	Ⅲ类	Ⅳ类	Ⅴ类	劣Ⅴ类
2000	13	0.0	76.9	15.4	0.0	0.0	7.7
2001	14	0.0	42.9	28.6	0.0	0.0	28.6
2002	14	0.0	57.1	35.7	0.0	0.0	7.1
2003	14	0.0	71.4	21.4	0.0	0.0	7.1
2004	17	0.0	58.8	35.3	0.0	5.9	0.0
2005	17	0.0	58.8	29.4	5.9	0.0	5.9
2006	17	0.0	47.1	41.2	0.0	5.9	5.9
2007	20	0.0	50.0	4.0	0.0	5.0	5.0

6.7   大 气 环 境

北部湾经济区大气环境质量十年变化主要分析 SO_2、NO_2、PM_{10}、酸雨频率、降雨 pH 的变化。

北部湾经济区 SO_2 年均浓度统计见表 6-23 和图 6-35。南宁市 SO_2 年均浓度值在统计年限内高于北部湾经济区平均值；钦州市、茂名市 2005 年以后均高于区域平均值，海南在统计年限内均低于区域平均值。其中，南宁市在统计年限内年平均浓度值为 0.047 mg/m^3；其次为茂名市，统计年限内的年平均浓度值为 0.023 mg/m^3；儋州市最低，统计年限内的 SO_2 年均浓度值为 0.003 mg/m^3。SO_2 年均浓度最高值为 2004 年南宁市的 0.061 mg/m^3；其次为 2006 年茂名市的 0.053 mg/m^3。2007~2009 年，北部湾经济区的 SO_2 年均浓度值均有所下降，一定程度上反映出国家污染物减排措施对环境质量的改善效果比较明显。

表 6-23　北部湾经济区 SO₂ 年均浓度统计表　　　（单位：mg/m³）

地区	2000 年	2001 年	2002 年	2003 年	2004 年	2005 年	2006 年	2007 年	2008 年	2009 年	平均值
南宁市	0.034	0.052	0.053	0.046	0.061	0.058	0.06	0.059	0.04	0.032	0.047
北海市	—	—	—	0.006	0.006	0.005	0.009	0.013	0.014	0.012	0.005
钦州市	0.010	0.011	0.013	0.014	0.009	0.030	0.024	0.028	0.025	0.024	0.018
防城港市	0.006	0.008	0.009	0.008	0.011	0.015	0.020	0.017	0.012	0.012	0.011
湛江市	0.018	0.010	0.019	0.017	0.012	0.013	0.016	0.013	0.013	—	0.014
茂名市	0.009	0.011	0.007	0.007	0.034	0.036	0.053	0.041	0.035	—	0.023
海口市	0.007	0.009	0.008	0.010	0.006	0.010	0.009	0.008	0.007	0.007	0.008
儋州市	0.002	0.002	0.002	0.003	0.003	0.003	0.004	0.004	0.004	0.003	0.003
东方市	0.004	0.004	0.004	0.003	0.004	0.004	0.004	0.003	0.004	0.003	0.004
澄迈县	—	0.004	0.005	0.004	0.007	0.009	0.007	0.003	0.004	0.003	0.005
临高县	—	—	—	—	—	—	—	—	0.003	0.003	0.003
昌江县	—	0.004	0.004	0.004	0.004	0.004	0.003	0.003	0.003	0.004	0.004

北部湾经济区 NO₂ 年均浓度统计见表 6-24 和图 6-36。南宁市、茂名市、防城港市的 NO₂ 年均浓度值统计年限内高于区域平均值；海南省统计年限内除昌江县 2007～2009 年高于区域平均值，其他各城市均低于区域平均值。其中，南宁市最高，统计年限内的年平均浓度值为 0.036mg/m³；其次为茂名市和钦州市，统计年限内的年平均浓度值均为 0.019 mg/m³；东方市最低，统计年限内的 NO₂ 年均浓度值为 0.005mg/m³。NO₂ 年均浓度最高值为 2007 年南宁市的 0.048mg/m³；其次为 2007 年钦州市的 0.027mg/m³。2007～2009 年，北部湾经济区的 NO₂ 年均浓度值均有所下降，一定程度上反映出国家污染物减排措施对环境质量的改善效果比较明显。

表 6-24　北部湾经济区 NO₂ 年均浓度统计表　　　（单位：mg/m³）

地区	2000 年	2001 年	2002 年	2003 年	2004 年	2005 年	2006 年	2007 年	2008 年	2009 年	平均值
南宁市	—	0.028	0.033	0.032	0.034	0.038	0.035	0.048	0.044	0.028	0.036
北海市	—	—	—	0.012	0.007	0.004	0.003	0.003	0.008	0.014	0.007
钦州市	—	—	0.005	0.006	0.009	0.022	0.025	0.027	0.024	0.031	0.019
防城港市	—	0.016	0.015	0.015	0.017	0.016	0.018	0.018	0.015	0.019	0.017
湛江市	—	0.012	0.013	0.014	0.012	0.013	0.013	0.012	0.012	—	0.013
茂名市	—	0.017	0.017	0.019	0.017	0.020	0.022	0.022	0.019	—	0.019
海口市	0.009	0.008	0.009	0.009	0.009	0.009	0.009	0.010	0.010	—	0.009
儋州市	0.006	0.006	0.006	0.007	0.007	0.008	0.010	0.012	0.012	—	0.008
东方市	0.008	0.008	0.008	0.004	0.004	0.004	0.003	0.004	—	—	0.005
澄迈县	—	0.008	0.008	0.008	0.009	0.012	0.010	0.003	0.003	—	0.008
临高县	—	—	—	—	—	—	—	—	0.011	—	0.011
昌江县	—	0.007	0.008	0.008	0.008	0.008	0.014	0.021	0.018	—	0.012

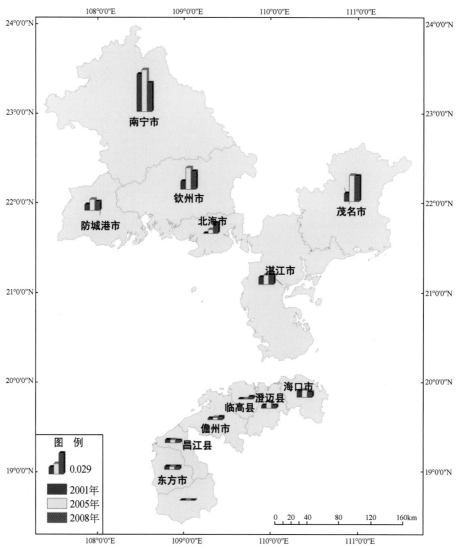

图 6-35　北部湾经济区 SO_2 年均浓度十年变化图（单位：mg/m^3）

制图单位：环境保护部华南环境科学研究所　制图时间：2013 年 3 月

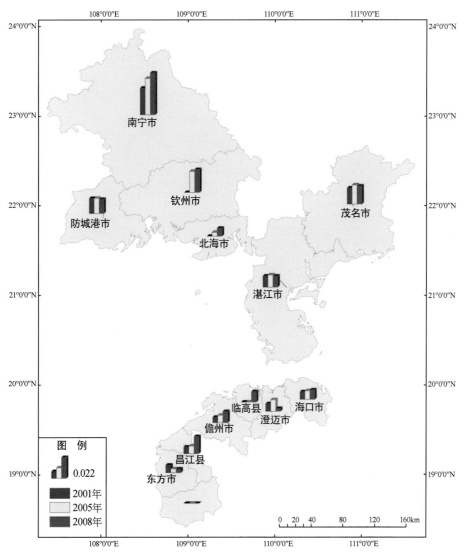

图 6-36　北部湾经济区 NO$_2$ 年均浓度十年变化图（单位：mg/m^3）

制图单位：环境保护部华南环境科学研究所　制图时间：2013 年 3 月

北部湾经济区 PM_{10} 年均浓度统计见表 6-25 和图 6-37。南宁市、茂名市、湛江市、防城港市的 PM_{10} 年均浓度值统计年限内高于区域平均值；海南省统计年限内除昌江县 2007~2008 年高于区域平均值，其他各城市均低于区域平均值。其中，茂名市最高，统计年限内的年均浓度值为 0.073mg/m³；其次为南宁市，统计年限内的年均浓度值为 0.065mg/m³；儋州市最低，统计年限内的 PM_{10} 年均浓度值为 0.025 mg/m³。PM_{10} 年均浓度最高值为 2006 年茂名市的 0.082mg/m³；其次为 2004 年茂名市的 0.077mg/m³。2007~2009 年，北部湾经济区的 PM_{10} 年均浓度值均明显下降，在一定程度上反映出国家污染物减排措施对环境质量的改善效果比较明显。

表 6-25　北部湾经济区 PM_{10} 年均浓度统计表　　（单位：mg/m³）

地区	2000 年	2001 年	2002 年	2003 年	2004 年	2005 年	2006 年	2007 年	2008 年	2009 年	平均值
南宁市	—	0.064	0.066	0.072	0.078	0.067	0.066	0.064	0.056	0.050	0.065
北海市	—	—	—	0.050	0.043	0.041	0.042	0.038	0.0478	0.054	0.045
钦州市	—	—	—	—	—	0.050	0.045	0.054	0.047	0.048	0.049
防城港市	—	—	—	—	—	0.056	0.061	0.057	0.053	—	0.057
湛江市	—	0.049	0.062	0.058	0.050	0.049	0.050	0.048	0.047	—	0.052
茂名市	—	—	—	—	0.077	0.074	0.082	0.074	0.058	—	0.073
海口市	0.044	0.033	0.025	0.024	0.027	0.032	0.028	0.034	0.033	0.016	0.031
儋州市	0.032	0.027	0.027	0.026	0.024	0.022	0.023	0.026	0.027	0.014	0.025
东方市	0.031	0.041	0.035	0.042	0.040	0.037	0.033	0.030	0.034	0.004	0.031
澄迈县	—	0.039	0.038	0.027	0.029	0.028	0.030	0.034	0.032	0.003	0.029
临高县	—	—	—	—	—	—	—	—	0.042	0.012	0.027
昌江县	—	0.037	0.039	0.034	0.041	0.038	0.042	0.051	0.047	0.019	0.039

北部湾经济区酸雨频率年均值、pH 年均值统计见表 6-26、表 6-27 和图 6-38、图 6-39。2000~2009年北部湾经济区酸雨频率年均值整体呈下降趋势，区域平均酸雨频率为 11.8%~29.0%。南宁市酸雨频率近十年呈下降趋势，高于区域平均值。湛江市酸雨概率呈下降趋势，高于区域平均值；茂名市酸雨频率在 1998~2006 年呈下降趋势，在 2006~2008 年呈上升趋势，高于区域平均值。北海市、钦州市的酸雨频率在 1998~2009 年保持低值，略有下降，低于区域平均值；防城港市酸雨频率高，在 2004~2009 年呈下降趋势，高于区域平均值。海口市的酸雨频率在 1998~2006 年呈下降趋势，在 2006~2008 年呈下降趋势，酸雨频率要高于南部其他地区，基本上与区域平均值一致；海南省其他城市，保持低值无明显变化。酸雨频率平均值最高的为防城港市，统计年限内酸雨频率平均值为 64.6%；其次为茂名市，酸雨频率平均值为 59.8%；最低为东方市，未监测到酸雨。发生酸雨频率最高的为 2005 年防城港市的 93.5%。pH 最低值为 2004 年茂名市的 4.58。

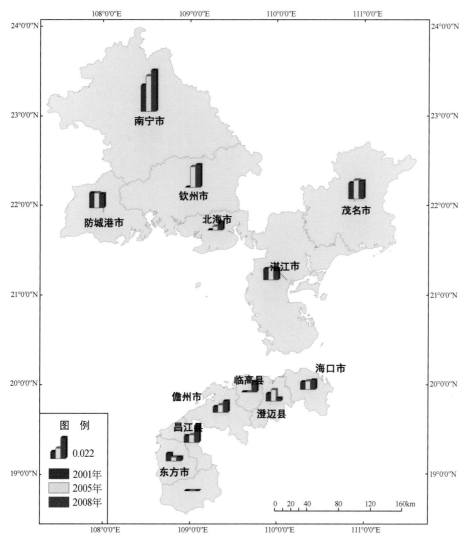

图 6-37　北部湾经济区 PM$_{10}$ 年均浓度十年变化图（单位：mg/m^3）

制图单位：环境保护部华南环境科学研究所　制图时间：2013 年 3 月

表 6-26　北部湾经济区酸雨频率年均值统计表　　　　　（单位:%）

地区	2000 年	2001 年	2002 年	2003 年	2004 年	2005 年	2006 年	2007 年	2008 年	2009 年	平均值
南宁市	61.8	75.3	38.6	35.0	35.5	52.0	48.4	36.8	38.3	25.5	48.3
北海市	—	9.2	6.4	7.0	3.8	0.0	2.6	3.9	8.8	1.5	4.8
钦州市	0.0	2.6	3.8	0.0	1.6	2.5	1.1	2.0	0.0	0.0	1.1
防城港市	—	—	—	—	75.3	93.5	78.0	45.5	57.4	37.9	64.6
湛江市	46.9	62.6	34.1	51.8	40.1	55.8	32.8	10.9	22.4	—	37.5
茂名市	57.7	84.5	59.9	77.0	66.2	48.1	59.3	60.0	72.8	—	59.8
海口市	4.4	7.7	16.7	21.7	22.5	22.4	33.3	19.8	19.8	35.0	19.9
儋州市	17.5	19.1	21.2	12.0	14.0	10.5	13.8	20.0	19.6	0.0	18.0
东方市	0.0	0.0	0.0	0.0	0.0	0.0	0.0	0.0	0.0	6.0	0.5
澄迈县	0.0	0.0	0.0	0.0	0.0	0.0	0.0	0.0	1	0.0	0.1
临高县	—	—	—	—	—	0.0	10.0	—	—	—	5.0
昌江县	—	—	—	—	—	0.0	1.7	0.0	0.0	0.0	0.3

表 6-27　北部湾经济区酸雨 pH 年均值统计表（无量纲）

地区	2000 年	2001 年	2002 年	2003 年	2004 年	2005 年	2006 年	2007 年	2008 年	2009 年	平均值
南宁市	4.78	4.81	5.17	5.16	5.21	5.06	4.75	5.21	4.76	5.93	5.06
北海市	—	5.88	6.07	6.05	6.18	6.45	6.53	5.56	5.67	6.32	6.08
钦州市	6.51	6.31	6.15	6.66	6.65	6.39	6.34	6.11	6.42	5.43	6.33
防城港市	—	—	—	—	5.05	4.68	4.91	5.51	5.34	6.51	5.33
湛江市	4.59	4.75	5.2	4.89	5.14	5.1	5.21	6.02	5.64	—	5.22
茂名市	5.07	4.81	5.11	4.61	4.58	4.72	4.86	4.78	4.81	—	4.85
海口市	6.07	5.89	5.88	5.7	5.46	5.06	5.61	5.73	5.63	5.59	5.65
儋州市	5.48	5.54	4.72	6.23	5.5	5.68	5.68	5.78	6.36	6.71	5.64
东方市	6.64	6.72	6.59	6.77	6.57	6.13	6.28	6.57	—	6.14	5.99
澄迈县	6.8	6.86	6.99	6.69	6.83	6.42	6.21	6.16	6.11	6.75	6.64
临高县	—	—	—	—	—	6.4	5.66	—	—	—	6.03
昌江县	—	—	—	—	—	6.74	6.43	6.87	7.37	7.33	6.95

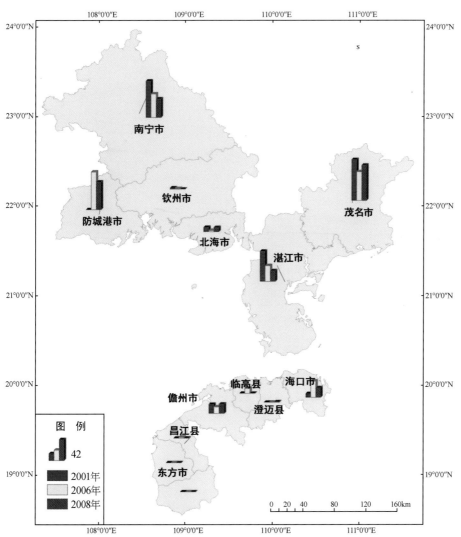

图 6-38　北部湾经济区酸雨频率年均值十年变化图（单位:%）
制图单位：环境保护部华南环境科学研究所　制图时间：2013 年 3 月

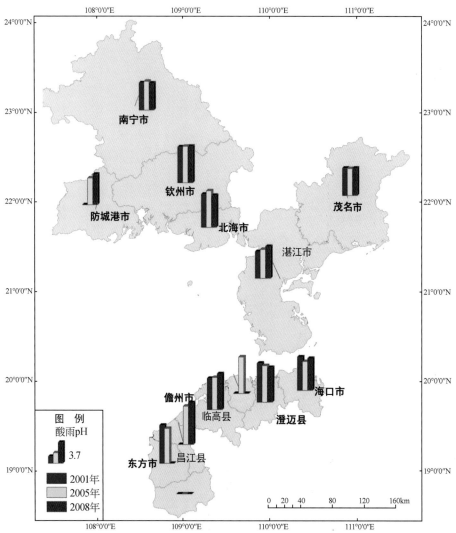

图 6-39　北部湾经济区酸雨 pH 年均值十年变化图

制图单位：环境保护部华南环境科学研究所　制图时间：2013 年 3 月

6.8 海 洋 生 态

6.8.1 叶绿素 a 和初级生产力

北部湾海域叶绿素浓度空间分布的基本特点是近岸海域高，离岸海域低。与 1998 年 11 月，1999 年 1 月和 2001 年秋季、冬季及 2006 年夏季相比，北部湾的叶绿素 a 含量逐渐升高（图 6-40），但初级生产力却显著降低（图 6-41）。

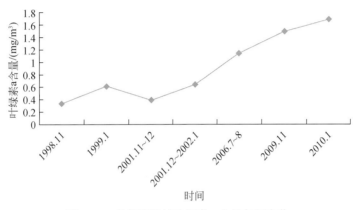

图 6-40 北部湾海域叶绿素 a 含量年际变化

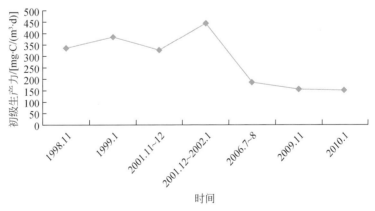

图 6-41 北部湾海域初级生产力年际变化

6.8.2 浮游植物

2009～2010 年秋冬季的北部湾浮游植物种类数分别为 160 种和 151 种，季节差异不大。与历史资料相比处于相对低值（图6-42），2009~2010年秋冬季的浮游植物多样性指数分别为3.04和2.47，低于1998年9月和2006年夏；均匀度指数分别为0.66和0.52，与2006年基本相同，但低于1998年秋的0.78。浮游植物的生物多样性水平一般，说明人类活动对海域的浮游植物存在一定的干扰（表6-28）。

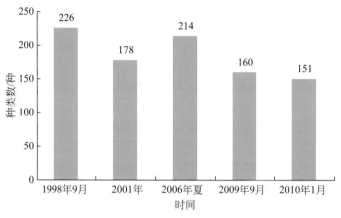

图6-42 北部湾浮游植物种类数变化趋势

表6-28 北部湾浮游植物总体演变趋势

时间	种类/种	丰度 /($\times 10^4$cell/m^3)	优势种	多样性	均匀度
1998年9月	226	52.60	变异辐杆藻、透明辐杆藻	5.45	0.78
2001年	178	89.98	细弱海链藻、旋链角毛藻、中肋骨条藻、尖刺拟菱形藻、奇异棍形藻、伏氏海毛藻、洛氏角毛藻、菱形海线藻	3.32	—
2006年夏	214	1762.78	伏氏海毛藻、菱形海线藻、尖刺拟菱形藻、笔尖形根管藻	3.49	0.67
2009年9月	160	1227.09	旋链角毛藻、柔弱菱形藻、绕孢角毛藻、菱形海线藻、丹麦细柱藻和窄隙角毛藻	3.04	0.66
2010年1月	151	15257.71	球形棕囊藻	2.47	0.52

2009年秋的北部湾浮游植物丰度处于历史较高水平，冬季调查丰度为历史资料最高值（图6-43）。秋季调查丰度的平面分布和广东海岛资源综合调查和广东海岸带和海涂资源综合调查报告的结果一致，趋势为西部海域>东部海域>南部海域。冬季由于球形棕囊藻赤潮的爆发性增殖，造成浮游植物丰度趋势为东部海域>西部海域>南部海域。2009年秋的蓝藻门和甲藻门在茂名市沿岸海域丰度百分比东海岛海域相对较大。

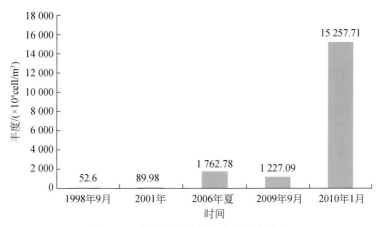

图 6-43　北部湾浮游植物丰度变化趋势

6.8.3　浮游动物

从不同年份的秋、冬季调查结果来看，种类数年际波动较大。1999 年冬与 2009 年秋的种类数基本持平，但在 2001 年秋和 2002 年冬种类数明显减少，总体而言，浮游动物种类数有一定程度的增加（图 6-44）。

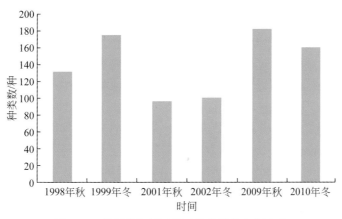

图 6-44　北部湾海域浮游动物种类数年际变化

从 1998 年以来，北部湾浮游动物饵料生物量有所起伏，但总体呈逐渐上升的趋势，在 2001 年秋季出现高峰，次年冬季有所降低，之后开始明显升高，2010 年冬季的生物量是 1998 年秋的 3 倍多（图 6-45）。

自 1998 年以来，北部湾海域浮游动物的栖息密度上升趋势明显，除了 2002 年冬比 2001 年秋有所降低，总体呈现逐渐升高的趋势，2010 年冬季的栖息密度为 163.40 ind/m²，是 1999 年冬季的 8 倍多（图 6-46）。

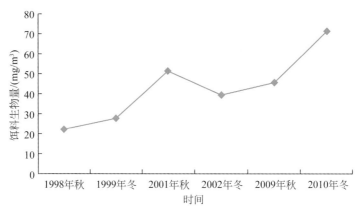

图6-45 北部湾海域浮游动物饵料生物量年际变化

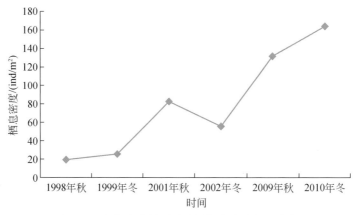

图6-46 北部湾海域浮游动物栖息密度年际变化

不同年代间优势种的组成基本较为稳定，具有一定的延续性。进入21世纪，优势种种类逐渐增多，尾类、海樽类、枝角类、十足类和原生动物的某些种类也开始进入优势种的范畴（表6-29）。

表6-29 北部湾海域浮游动物优势种历史资料对比

时间	优势种
1998年秋	亚强真哲水蚤、微刺哲水蚤、中华哲水蚤、叉胸刺水蚤、锥形宽水蚤、肥胖箭虫、中型莹虾
1999年冬	亚强真哲水蚤、微刺哲水蚤、肥胖箭虫、中型莹虾
2001年秋	亚强真哲水蚤、微刺哲水蚤、椭形长足水蚤、锥形宽水蚤、肥胖箭虫
2002年冬	亚强真哲水蚤、微刺哲水蚤、锥形宽水蚤、精致真刺水蚤、瘦住囊虫、红住囊虫
2009年9月	亚强真哲水蚤、微刺哲水蚤、锥形宽水蚤、红纺锤水蚤、鸟喙尖头溞、肥胖三角溞、肥胖箭虫、汉森莹虾、软拟海樽
2010年1月	亚强真哲水蚤、微刺哲水蚤、锥形宽水蚤、瘦尾胸刺水蚤、刺尾纺锤水蚤、肥胖箭虫、夜光虫

6.8.4 底栖生物

1. 生物量

与历史资料相比，北部湾底栖生物生物量在 20 世纪 80～90 年代属中等水平，到 2000 年降至较低水平；到 2002 年开始出现逐渐上升趋势，至 2004 年达到历史最高水平，生物量达 459.96 g/m²；2005 年又出现下降趋势，到 2007 年跌至历史最低水平，生物量只有 2.86 g/m²；2008～2010 年又上升至中等水平，表明本海域底栖生物生物量的变化较为复杂（表 6-30 和图 6-47）。

表 6-30 北部湾底栖生物历史演变趋势分析

调查时间 （年.月）	平均生物量 /（g/m²）	平均栖息密度 /（ind/m²）	出现种类数	数据来源
1984～1985	71.71	124.53	出现底栖生物约 280 种	全国海岸带调查
1990～1991	32.07	159.88	出现底栖生物 379 种	全国海岛综合调查
2001.11～12	10.50	125.70	秋季底栖生物调查出现 114 种	北部湾渔业生态环境与渔业资源
2001.12～2002.1	6.57	131.10	冬季底栖生物调查出现 115 种	北部湾渔业生态环境与渔业资源
2002～2003	227.03	274.00	出现底栖生物 127 种	茂名港总体规划和茂名石化工业区生态调查
2004	459.96	256.00	出现底栖生物 189 种	铁山港工业区生态调查
2005	188.59	1319.20	出现底栖生物 162 种	湛江钢铁基地生态调查
2006	158.15	355.17	出现底栖生物 450 余种	钦州港和东方海域生态现状调查
2007	2.86	30.40	出现底栖动物 34 种	洋浦港海域生态调查
2008	57.20	220.00	出现底栖动物 58 种	奥里油发电厂生态调查与评价
2009	124.96	193.93	出现底栖动物 119 种	本次调查（秋季）
2010	59.18	153.82	出现底栖动物 131 种	本次调查（冬季）

2. 栖息密度

分析表明，本海区栖息密度在 20 世纪 80 年代至 2000 年一直保持中等水平，至 2005 年达到历史最高水平，栖息密度达 1319.20ind/m²；2005 年又出现下降趋势，2007 年跌至

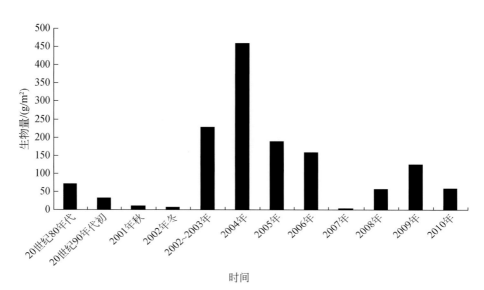

图6-47　北部湾海域底栖生物生物量的总体演变趋势

历史最低水平，栖息密度只有 2.86ind/m²；2008～2010 年又上升至中等水平，表明本海域底栖生物的栖息密度一直保持较为稳定的态势（表6-30 和图6-48）。

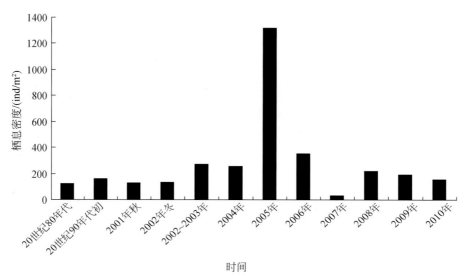

图6-48　北部湾海域底栖生物栖息密度的总体演变趋势

3. 种类数

分析表明，本海区种类数在 20 世纪 80 年代至 2000 年一直保持较高水平，2000 年后有较大程度的下降，下降幅度在 50% 左右，至 2006 年恢复和达到历史最高水平，种类数达 450 余种；2007 年又下降至最低水平，2008～2010 年又上升至中等水平，表明本海域出现底栖生物种类数变化较大，这可能与采样区域大小和不同季节有关（表6-30 和图6-49）。

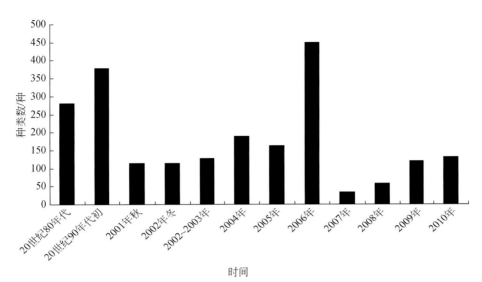

图 6-49 北部湾海域底栖生物种类数的总体演变趋势

6.8.5 潮间带生物

1. 生物量

与历史资料相比，环北部湾潮间带生物生物量在 20 世纪 80 年属中等水平，至 90 年代初期达到历史最高水平，生物量达 476.91 g/m²；到了 2003 年出现逐渐下降趋势，但到 2006 年达到较高水平，生物量达 364.26 g/m²；2007 年又降至历史最低水平，生物量只有 30.96 g/m²；至 2009 年又上升至较高水平，表明本海域潮间带生物生物量的变化较为复杂（表 6-31 和图 6-50）。

表 6-31　北部湾潮间带生物历史演变趋势分析

调查时间/年	平均生物量 /（g/m²）	平均栖息密度 /（ind/m²）	出现种类数	数据来源
1984~1985	202.20	261.30	出现潮间带生物约 300 种	全国海岸带调查
1990~1991	476.91	99.91	出现潮间带生物 423 种	全国海岛综合调查
2003	142.33	121.90	出现潮间带生物 53 种	茂名港总体规划
2004	114.20	144.00	出现潮间带生物 80 种	铁山港工业区生态调查
2005	71.41	194.30	出现潮间带生物 37 种	茂名石化工业区生态调查
2006	93.20	127.30	出现潮间带生物 139 种	湛江钢铁基地生态调查
2007	364.26	303.50	出现潮间带生物约 150 种	钦州港海域生态现状调查
2008	30.96	77.57	出现潮间带生物 68 种	洋浦港海域生态调查
2009	311.69	521.99	出现潮间带生物 241 种	本次调查

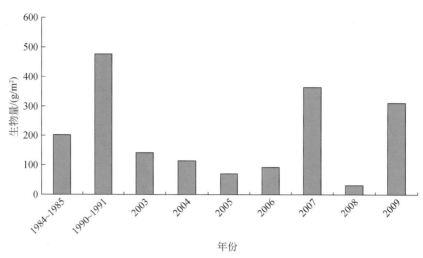

图 6-50　北部湾潮间带生物生物量的总体演变趋势

2. 栖息密度

本海区栖息密度的演变趋势与生物量的情况有所不同，栖息密度在 20 世纪 80 年代属中等水平，至 90 年代出现较低水平，2003 年出现逐渐上升趋势，并维持中等密度水平，至 2006 年达到较高水平，2007 年跌至历史最低水平，栖息密度只有 77.57ind/m²，至 2009 年又上升至最高水平，栖息密度达 521.99ind/m²，表明本海域潮间带生物栖息密度的变化趋势较为复杂（表 6-31 和图 6-51）。

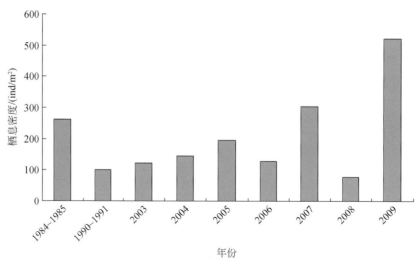

图 6-51　北部湾潮间带生物栖息密度的总体演变趋势

3. 种类数

本海区种类数在 20 世纪 80 年代至 2000 年一直保持较高水平，出现种类数都在 300 种以上，至 2000 年后有较大程度的下降，下降幅度在 60% ～ 70%，2005 ～ 2006 年种类数有一定程度的恢复；2009 年又上升至较高水平，表明本海域出现潮间带生物种类数呈现前期高，中期低，后期逐渐恢复的态势（表 6-31 和图 6-52）。

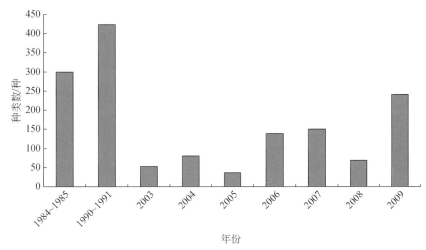

图 6-52　北部湾潮间带生物种类数的总体演变趋势

6.8.6　鱼卵仔鱼

2001 年 11 月至 2002 年 1 月秋、冬两个航次的北部湾鱼卵仔鱼调查，共鉴定了 24 个种类。在鱼卵种类中，以鲷科和鳀科的数量占绝对优势，分别占总数的 41.0% 和 29.3%；其次，小沙丁鱼和带鱼科也占一定的数量，分别占总数的 9.1% 和 7.4%。在仔鱼种类中，小公鱼的数量占绝对优势，占总数的 56.1%；另外，数量较多的种类有鰕虎鱼科、鲷科、鳀科和银腰犀鳕，分别占总数的 7.8%、6.1%、5.7% 和 5.4%。

1. 西部海域

根据 1983 ～ 1985 年广西海岸带资源综合调查，北部湾北部海域水平拖网鱼卵平均采获数量为 286.3 粒/网，仔鱼为 80.9 尾/网，换算成密度分别为 1260 粒/1000 m³ 和 356 尾/1000 m³。鱼卵仔鱼密度的季节变化十分明显，以春季（4 月）密度最高，秋季（10 月）最低，冬季（1 月）高于夏季（7 月）。鱼卵仔鱼平面分布以北海市以东海域（铁山港至安铺港）数量较高，以北海市以西海域（防城港）数量较低。种类组成主要有鲷科、鲱科、鳝科、鰕虎鱼科、舌鳎科、鲬科、鳀科和鲻科等。2001 年 11 月至 2002 年 1 月秋、冬鱼卵平均密度为 348 粒/1000m³，仅为 20 世纪 80 年代的 1/3；仔鱼平均密度为 20.1 尾/1000m³，仅为 20 世纪 80 年代的 1/14。

2. 南部海域

根据 1984 ～ 1985 年广东省海岸带资源综合调查，海南岛周围海域水平拖网鱼卵平均采获数量为 576.3 粒/网，仔鱼为 23.0 尾/网，换算成密度分别为 2536 粒/1000 m³ 和 101 尾/1000 m³。鱼卵仔鱼密度的季节变化十分明显，以冬季和春季密度最高，秋季（10 月）最低，夏季居中。平面分布鱼卵以海南岛西北的洋浦港和东北的清澜港海域较高，仔鱼以海南岛西面东方市附近海域最高，其次是琼州海峡和海南岛东北角附近海域。2001 年 11 月至 2002 年 1 月秋、冬鱼卵平均密度为 2641 粒/1000m³，仔鱼平均密度为 34.1 尾/1000m³，鱼卵密度与 1983～1985 年的调查结果相近，但仔鱼数量明显减少。

3. 东部海域

根据 1982～1983 年广东省海岸带资源综合调查，粤西海域水平拖网鱼卵平均采获数量为 270.6 粒/网，仔鱼为 17.5 尾/网，换算成密度分别为 1191 粒/1000 m³ 和 77 尾/1000 m³。鱼卵仔鱼密度的季节变化十分明显，以春季最高，其次是夏季和秋季，冬季最低。平面分布以湛江海域数量较高。

根据 1991 年 4 月和 10 月广东省海岛资源综合调查，粤西海域水平拖网鱼卵平均采获数量为 429.5 粒/网，仔鱼为 37.5 尾/网，换算成密度分别为 1890 粒/1000 m³ 和 165 尾/1000 m³。出现种类主要是鳀科、小沙丁鱼、石首鱼科、舌鳎科等。

2001 年 11 月至 2002 年 1 月秋、冬鱼卵平均密度为 1621.4 粒/1000m³，仔鱼平均密度为 198.7 尾/1000m³，与历史调查结果相差不大。

4. 游泳生物

北部湾是中国南海范围内渔业资源生产力最高的海域之一（靳林林，2012），加上其西部海域渔业资源的利用程度相对较低，因此目前北部湾的现存资源密度高于南海北部大陆架，但该海域的渔业资源也处于严重的捕捞过度状态。不同历史时期底层渔业资源密度的评估结果（表 6-32）表明，北部湾沿岸海域的渔业资源在 20 世纪 70 年代就已达到充分利用的状态，而中南部海域在 90 年代也已充分利用，目前全湾的渔业资源均处于捕捞过度状态，沿岸海域资源衰退的情况更为严重，其现存资源密度大致只有最适密度的 1/3。

表 6-32　北部湾海域底层渔业资源密度的历史变化　　　（单位：t/km²）

时期	全湾	沿岸	中南部
原始密度	4.10	5.0	2.50
最适密度	2.10	2.5	1.30
1962 年	2.90	3.0	2.80
1960～1973 年	2.30	2.3	2.20
1992～1993 年	1.30	1.0（东部）	1.40
1997～1999 年	0.50	0.6（东部）	0.50
2001～2002 年	0.80	0.7（东部）	0.90
2006 年（中方 1～4 航次）	1.42	1.01（东部）	1.71
2007 年（中方 5～8 航次）	1.45	1.03（东部）	1.77

除了资源密度下降外,由于过度捕捞引起的种类更替现象也非常明显。从图 6-53 可看出,进入 20 世纪 90 年代以来绝大多数经济价值较高的传统经济鱼类,其资源密度已下降到很低水平,许多优质鱼类几乎在渔获物中消失,而一些经济价值低、个体小、寿命短的种类在渔获物中的比例有所上升。80 年代以来,北部湾底拖网的经济渔获物以蓝圆鲹、蛇鲻类及石首鱼类为主,经济价值较高的种类,如红笛鲷、二长棘鲷、金线鱼的资源密度又进一步下降,同时资源结构更不稳定,优势经济种经常发生变化(袁蔚文,1995),多数种类资源密度呈下降趋势,但也有一些寿命短的种类,如头足类、深水金线鱼等,资源密度有明显上升的趋势。

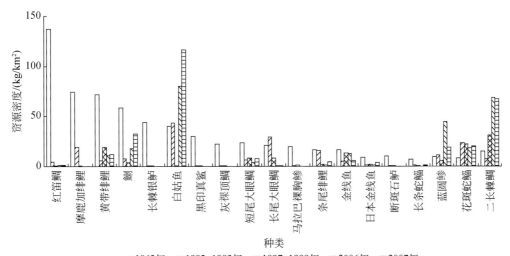

图 6-53 北部湾海域经济鱼类资源密度的历史变化

进入 20 世纪 90 年代后期,南海区实行了伏季休渔(毛玮茜,2014),国家也对渔业实行了零增长的政策,再加上北部湾划界的生效,使大量渔船退出了北部湾的传统渔场。根据南海水产研究所的调查结果,2001~2006 年资源水平有所好转,2006~2007 年调查表明北部湾的现存资源已大致恢复到最适利用状态,尤其是共同渔区恢复明显,本次调查中共同渔区的资源密度为 1.71~1.77t/km²,是最适密度的 1.3 倍左右,其资源水平略高于 90 年代初,甚至是 2001~2002 年水平的 2 倍多。2006~2007 年的资源密度与最适密度的比较表明,共同渔区的渔业资源大致处于适度利用状态,可以保持当前的开发利用水平。东部沿岸的渔业资源状况仍不乐观,其资源水平虽与 2001~2002 年状况相比已有所好转,但其资源密度仅为最适资源密度的 40% 左右,显示出该海域仍处于严重的捕捞过度状态。

5. 海洋生态历史演变趋势小结

1) 自 1998 年以来,北部湾的叶绿素 a 含量逐渐升高,但初级生产力却显著降低,浮游植物种类数与历史资料相比处于相对低值,而浮游植物丰度则处于历史较高水平,浮游植物多样性指数有所下降,说明人类活动对海域的浮游植物存在一定的干扰。

2）浮游动物种类数有一定程度的增加，从 1998 年以来，环北部湾浮游动物饵料生物量及栖息密度有所起伏，但总体呈逐渐上升的趋势。

3）本海域底栖生物生物量的变化情况较为复杂，栖息密度一直保持较为稳定的态势，种类数变化较大，这可能与采样区域大小和不同季节有关。

4）20 世纪 80 年代以来，潮间带生物栖息密度与生物量的变化较为复杂，潮间带生物种类数出现前期高，中期低，后期逐渐恢复的态势。

5）渔业资源衰退明显，种群趋向小型化。不同历史时期底层渔业资源密度的评估结果表明，北部湾沿岸海域的渔业资源在 20 世纪 70 年代就已达到充分利用的状态，随后资源量开始逐步下降，自 1999 年养护措施以后，北部湾生物资源有了一定的恢复，但仍处于较低水平。另一方面种间更替更加频繁，渔业资源呈现小型化和低值化。60 年代优质鱼与劣质鱼的比例为 8∶2，70 年代为 6∶4，90 年代下降为 2∶8。目前的渔获物组成主要以经济价值低、个体小、寿命短的低营养级种类为主。

|第7章| 生态环境胁迫十年变化

通过分析经济发展与区域生态环境变化的关系，阐明经济快速发展的生态环境影响，从人口、大气环境、水环境等方面具体评估北部湾经济区的生态环境胁迫问题，本章采用重心模型，分析北部湾经济区经济发展、人口的空间变化对排污空间格局影响程度，探讨北部湾经济区的重心分布及其演变路径，以探讨北部湾经济区污染胁迫与社会经济发展之间的联系。此外，根据生态环境胁迫指标体系中人口密度、大气污染、水污染等指标和各指标在该主题中的相对权重，构建生态环境胁迫指数，用来反映各地区生态环境受胁迫状况。

7.1 人口密度

人口密度是单位国土面积上年末总人口数量，在宏观层面评估人口因素给生态环境带来的压力及其时空演变（王纪伟等，2014）。

通过收集各县（区）历年年末总人口数量及各县（区）国土面积，计算各县（区）历年人口密度，其计算方法如下。

$$PD_{i,t} = \frac{P_{i,t} \times 10000}{A_i}$$

式中，$PD_{i,t}$为第i个区（县）第t年的人口密度（人/km^2）；$P_{i,t}$为第i个区（县）第t年年末总人口（万人）；A_i为第i个区（县）国土面积（km^2）。

北部湾经济区人口密度变化见表7-1和图7-1。总体来看，北部湾经济区人口密度在2000~2010年增长了44.53%，其中2000~2005年增加了33.21%，2005年后增幅明显降低，2005~2010年增加了8.50%。2010年，北部湾经济区人口密度为383人/km^2。

表7-1　北部湾经济区人口密度　　　　　　　　　（单位：人/km^2）

地区	2000 年	2005 年	2010 年
东部	483	595	651
北部	133	298	311
西部	275	288	317
南部	219	294	326
北部湾经济区	265	353	383

其中，东部地区人口密度最大，十年来增加了34.78%。北部地区人口密度最小，但是增速最快，2000~2005年就已经翻倍，尽管2005~2010年增长势头有所放缓，但2010年人口密度已经达到2000年的2.3倍，几乎要与西部和南部的人口密度持平。北部湾经济区人口密度增速最慢的是西部地区，10年来人口密度只增加了15.27%。但是西部地区

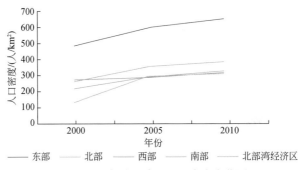

图 7-1　北部湾经济区人口密度变化图

也是北部湾各个地区中，唯一一个 2005~2010 年人口密度增长速度比 2000~2005 年大的地区。而南部地区 10 年来人口密度增加了 48.86%，高于平均水平，在北部湾各个地区中排名第二。总而言之，除了西部地区之外，北部湾东、南、北部 3 个片区的人口密度在 2000~2005 年快速增长，与区域人口密度变化趋势保持一致（图 7-2）。

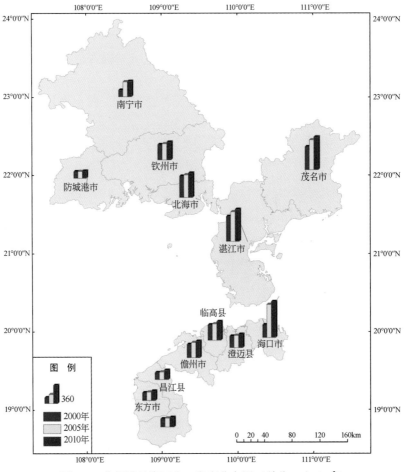

图 7-2　北部湾经济区人口密度分布图（单位：人/km²）

制图单位：环境保护部华南环境科学研究所　制图时间：2013 年 3 月

北部湾经济区东部人口密度变化见表 7-2 和图 7-3，北部湾经济区东部人口密度在 2000～2010 年增长了 34.78%，其中 2000～2005 年增加了 23.19%，2005 年后增幅明显降低，2005～2010 年增加了 9.41%。其中茂名市这 10 年增速较快，增加了 42.64%。2000 年，茂名市的人口密度还比湛江市小，但由于其增速比湛江市快，2010 年人口密度已经超过湛江市。

表 7-2 北部湾经济区东部人口密度变化 （单位：人/km²）

地区	2000 年	2005 年	2010 年
湛江市	503	592	644
茂名市	462	599	659
东部	483	595	651

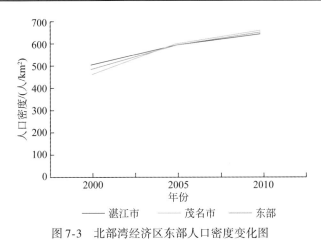

图 7-3 北部湾经济区东部人口密度变化图

北部湾经济区北部人口密度变化见表 7-3，北部湾经济区北部地区人口密度这十年来增速非常快，2010 年人口密度已经是 2000 年的 2.34 倍，主要是由于 2000～2005 年南宁市人口增速太快，2005 年人口密度已经是 2000 年的 2.24 倍，2005 年后增幅明显降低，2005～2010 年增加了 4.36%。

表 7-3 北部湾经济区北部人口密度变化 （单位：人/km²）

地区	2000 年	2005 年	2010 年
南宁市	133	298	311
北部	133	298	311

北部湾经济区西部人口密度变化见表 7-4 和图 7-4，北部湾经济区西部人口密度这十年来稳步上升，共增加了 15.27%。2000～2005 年增加了 4.73%，2005～2010 年相对加快，增加了 10.07%。其中北海市人口密度最大，十年来增加了 14.35%，2010 年达到了 494 人/km²。增速最快的是人口密度排名第二的钦州市，10 年来增加了 16.29%。而防城港市人口密度最小，增速也最慢，10 年来只增加了 10.61%，2010 年

人口密度仅为 146 人/km² 。

表 7-4　北部湾经济区西部人口密度变化　　　　　　（单位：人/km²）

地区	2000 年	2005 年	2010 年
北海市	432	455	494
防城港市	132	135	146
钦州市	307	321	357
西部	275	288	317

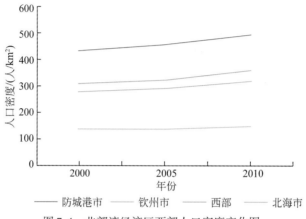

图 7-4　北部湾经济区西部人口密度变化图

　　北部湾经济区南部人口密度变化见表 7-5 和图 7-5，北部湾经济区南部人口密度这十年来共增加了 48.86%，在北部湾经济区各区域中排名第二。2000 ~ 2005 年增加了 34.25%，2005 ~ 2010 年增速有所减缓，增加了 10.88%。其中海口市人口密度最大，增速也最快，2010 年人口密度达到 2000 年的 2.8 倍。主要是前五年增速太快，2005 年人口密度已经达到 2000 年的 2.57 倍。使得海口市从 2000 年在南部地区人口密度排名第三的位置，10 年来蹿升到第一位，在 2010 年人口密度达到了 725 人/km²，是排名第二位临高县的 2 倍。南部地区人口密度增速最慢的是澄迈县，10 年来增速仅为 15.81%。

表 7-5　北部湾经济区南部人口密度变化　　　　　　（单位：人/km²）

地区	2000 年	2005 年	2010 年
海口市	259	665	725
儋州市	269	305	332
东方市	161	174	196
澄迈县	234	247	271
临高县	314	330	379
昌江县	142	151	190
乐东县	166	179	197
南部	219	294	326

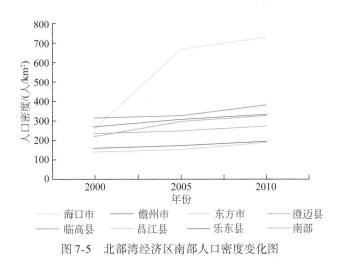

图 7-5 北部湾经济区南部人口密度变化图

7.2 大气污染物排放强度

2000 年北部湾经济区工业和生活大气污染物排放强度见表 7-6。

表 7-6 2000 年北部湾经济区工业和生活大气污染物排放强度

地区	工业废气排放强度/（万 Nm³/km²）	工业二氧化硫排放强度/（kg/km²）	生活二氧化硫排放强度/（kg/km²）	工业粉尘排放强度/（kg/km²）
湛江市	324.13	3906.85	66.13	1533.20
茂名市	334.71	4463.20	44.56	1201.41
南宁市	127.77	683.87	123.10	391.41
北海市	58.40	7146.01	278.39	3660.12
防城港市	71.52	691.42	163.57	284.15
钦州市	141.26	2544.38	424.70	2491.45
海口市	28.15	168.71	65.08	2.24
儋州市	160.56	126.52	3.37	788.45
东方市	311.12	123.52	14.18	131.72
澄迈县	730.35	7520.03	3.87	21.76
临高县	15.33	89.42	11.39	0.00
昌江县	656.65	142.66	0.00	5656.31
乐东县	1.71	3.43	0.00	0.00

注：Nm³ 代表标立方米。

2000 年北部湾经济区各城市工业废气排放强度如图 7-6 所示，分布如图 7-7 所示。北部湾经济区南部的澄迈县和昌江县最高，澄迈县达到 730.35 万 Nm³/km²，昌江县达到 656.65 万 Nm³/km²。排放强度最低的是乐东县，仅排放了 1.71 万 Nm³/km²。

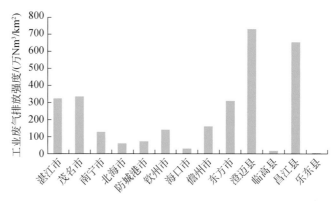

图 7-6　2000 年北部湾经济区各城市工业废气排放强度图

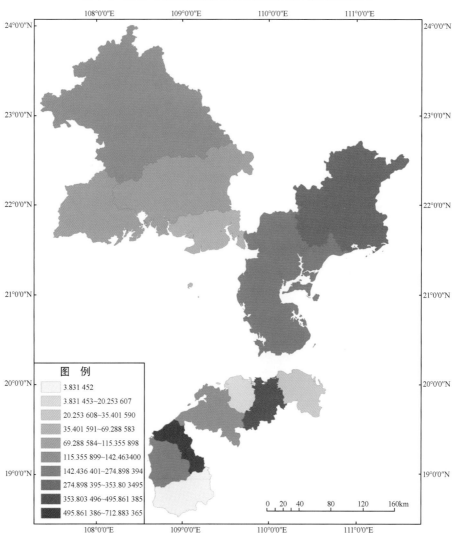

图 7-7　2000 年北部湾经济区工业废气排放强度分布图（单位：万 Nm³/km²）

制图单位：环境保护部华南环境科学研究所　制图时间：2013 年 3 月

2000 年北部湾经济区各城市工业二氧化硫排放强度如图7-8 所示，分布图如图7-9 所示。其中，澄迈县和北海市最高，澄迈县达到 7520.03kg/km²，北海市达到 7146.01kg/km²。排放强度最低的依然是乐东县，仅排放了 3.43kg/km²。

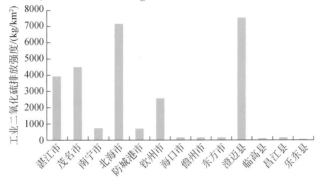

图 7-8　2000 年北部湾经济区各城市工业二氧化硫排放强度图

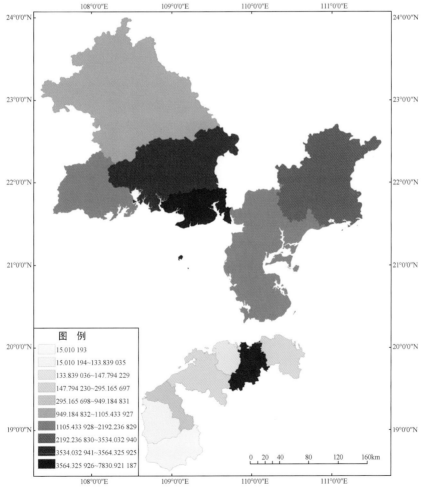

图 7-9　2000 年北部湾经济区工业二氧化硫排放强度分布图（单位：kg/km²）

制图单位：环境保护部华南环境科学研究所　制图时间：2013 年 3 月

2000 年北部湾经济区各城市生活二氧化碳排放强度如图 7-10 所示，分布图如图 7-11 所示。其中，最高的是钦州市，为 424.70kg/km^2。

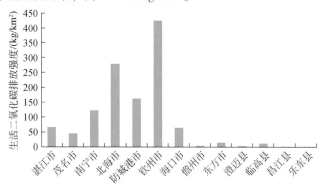

图 7-10　2000 年北部湾经济区各城市生活二氧化碳排放强度图

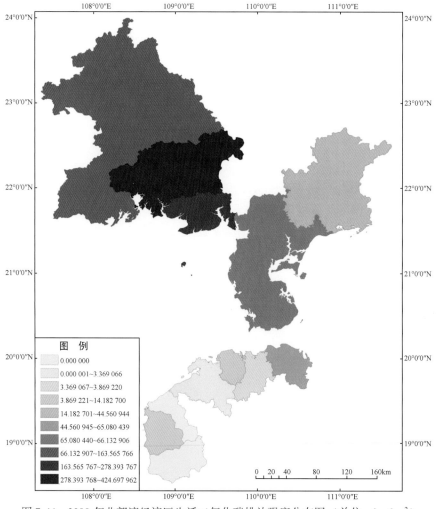

图 7-11　2000 年北部湾经济区生活二氧化碳排放强度分布图（单位：kg/km^2）

制图单位：环境保护部华南环境科学研究所　制图时间：2013 年 3 月

2000 年北部湾经济区各城市工业粉尘排放强度如图 7-12 所示,分布图如图 7-13 所示。其中,昌江县最高,达到 5656.31kg/km²。乐东县和临高县由于工业不发达,工业粉尘排放强度最低,趋近于零。

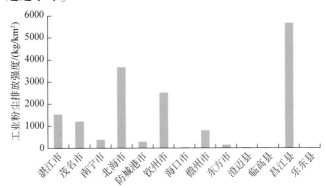

图 7-12 2000 年北部湾经济区各城市工业粉尘排放强度图

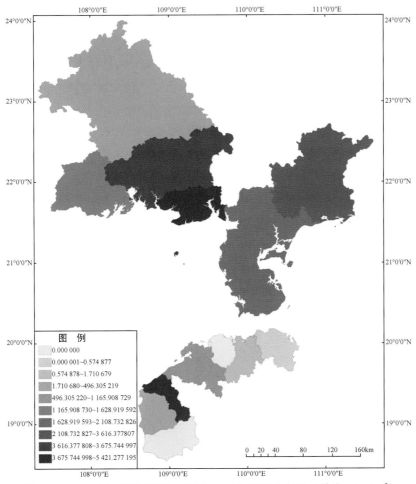

图 7-13 2000 年北部湾经济区工业粉尘排放强度分布图(单位:kg/km²)

制图单位:环境保护部华南环境科学研究所 制图时间:2013 年 3 月

2005 年北部湾经济区工业和生活大气污染物排放强度见表 7-7。

表 7-7　2005 年北部湾经济区工业和生活大气污染物排放强度

地区	工业废气排放强度 /(万 Nm³/km²)	工业二氧化硫排放强度 /(kg/km²)	生活二氧化硫排放强度 /(kg/km²)	工业粉尘排放强度 /(kg/km²)
湛江市	400.48	3 795.77	58.69	400.48
茂名市	384.26	3 439.05	93.23	384.26
南宁市	561.92	3 007.84	246.02	561.92
北海市	724.34	13 211.19	255.92	724.34
防城港市	94.52	2 247.70	40.77	94.52
钦州市	198.17	2 870.45	103.66	198.17
海口市	38.79	57.91	93.28	38.79
儋州市	772.89	405.33	5.51	772.89
东方市	744.24	119.99	0.00	744.24
澄迈县	778.33	7 463.42	2.90	778.33
临高县	37.84	24.66	0.00	37.84
昌江县	802.11	835.77	0.00	802.11
乐东县	1.32	2.06	0.00	1.32

2005 年北部湾经济区各城市工业废气排放强度如图 7-14 所示，分布图如图 7-15 所示。北部湾经济区南部的昌江县最高，达到 802.11 万 Nm³/km²。澄迈县、儋州市、东方市和北海市也都有不同程度的增长，均都超过了 700 万 Nm³/km²。排放强度最低的依然是乐东县，仅排放了 1.32 万 Nm³/km²。

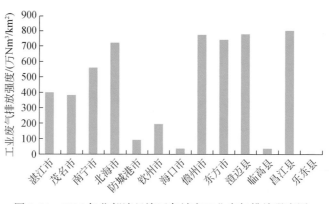

图 7-14　2005 年北部湾经济区各城市工业废气排放强度图

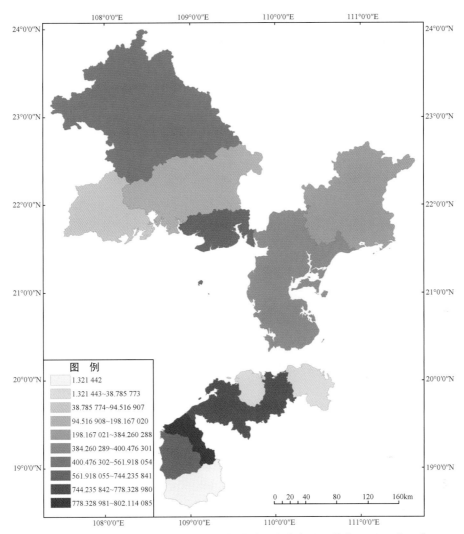

图 7-15　2005 年北部湾经济区工业废气排放强度分布图（单位：万 Nm³/km²）

制图单位：环境保护部华南环境科学研究所　制图时间：2013 年 3 月

2005 年北部湾经济区各城市工业二氧化硫排放强度如图 7-16 所示，分布图如图 7-17 所示。其中，最高的是北海市，工业二氧化硫排放量增长迅速，达到 13 211.19kg/km²。排放强度最低的依然是乐东县，仅排放了 2.06kg/km²。

2005 年北部湾经济区各城市生活二氧化碳排放强度如图 7-18 所示，分布图如图 7-19 所示。其中，最高的是北海市和南宁市，北海市生活二氧化碳排放强度为 255.92kg/km²，南宁市生活二氧化碳排放强度达到 246.02kg/km²。

2005 年北部湾经济区各城市工业粉尘排放强度如图 7-20 所示，分布图如图 7-21 所示。其中，昌江县依然最高，不过比五年前降低了不少，达到 802.11kg/km²。北海市、儋州市、东方市和澄迈县紧随其后，工业粉尘排放量也都超过了 700kg/km²。乐东县工业粉尘排放强度最低，趋近于零。

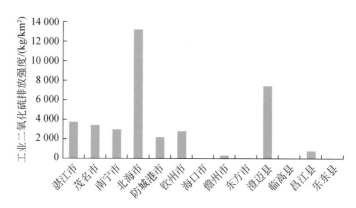

图 7-16　2005 年北部湾经济区各城市工业二氧化硫排放强度图

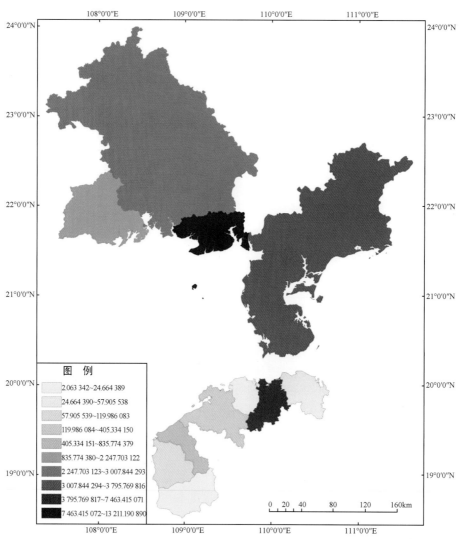

图 7-17　2005 年北部湾经济区工业二氧化硫排放强度分布图（单位：kg/km²）

制图单位：环境保护部华南环境科学研究所　制图时间：2013 年 3 月

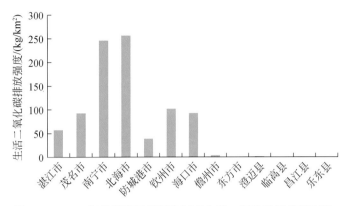

图 7-18　2005 年北部湾经济区各城市生活二氧化碳排放强度图

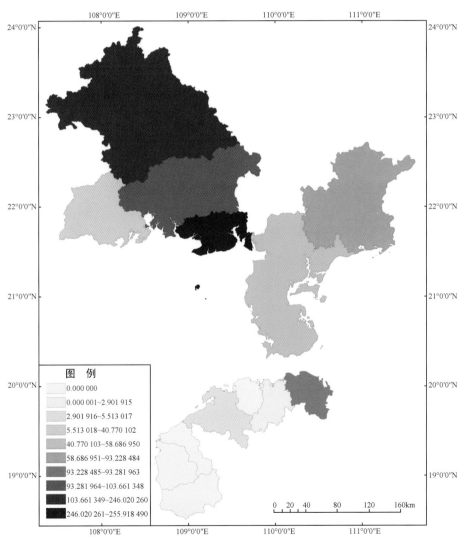

图 7-19　2005 年北部湾经济区生活二氧化硫排放强度分布图（单位：kg/km^2）

制图单位：环境保护部华南环境科学研究所　制图时间：2013 年 3 月

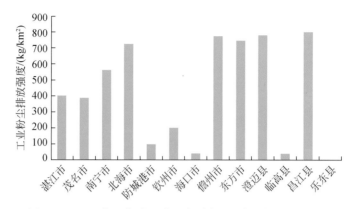

图 7-20　2005 年北部湾经济区各城市工业粉尘排放强度图

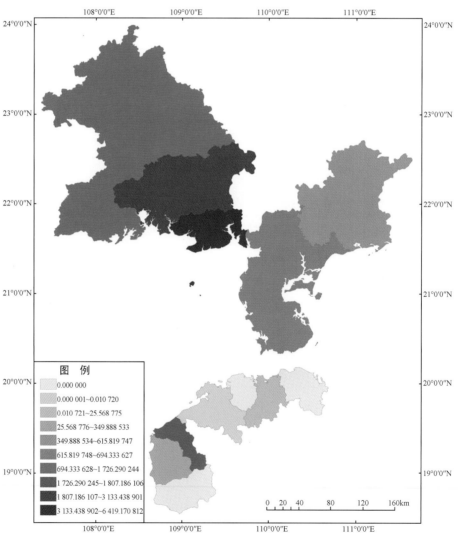

图 7-21　2005 年北部湾经济区工业粉尘排放强度分布图（单位：kg/km²）

制图单位：环境保护部华南环境科学研究所　制图时间：2013 年 3 月

2010 年北部湾经济区工业和生活大气污染物排放强度见表 7-8。

表 7-8　2010 年北部湾经济区工业和生活大气污染物排放强度

地区	工业废气排放强度 /（万 Nm³/km²）	工业二氧化硫排放强度 /（kg/km²）	生活二氧化硫排放强度 /（kg/km²）	工业粉尘排放强度 /（kg/km²）
湛江市	528.99	3 740.60	49.32	522.56
茂名市	1 317.10	5 167.90	541.90	205.38
南宁市	381.52	2 971.05	458.62	315.31
北海市	1 034.49	10 244.26	714.41	2 701.87
防城港市	1 134.00	5 110.00	164.05	1 247.83
钦州市	408.99	4 070.84	187.22	908.08
海口市	63.88	39.77	164.00	0.59
儋州市	1 436.29	3 258.29	19.60	127.61
东方市	1 069.01	1 833.92	0.00	104.91
澄迈县	1 195.25	5 221.03	4.84	107.37
临高县	27.29	89.42	0.00	11.57
昌江县	2 058.20	988.79	0.00	3 485.19
乐东县	9.32	30.11	21.11	0.00

2010 年北部湾经济区各城市工业废气排放强度如图 7-22 所示，分布图如图 7-23 所示。北部湾经济区南部的昌江县依然最高，达到 2058.2 万 Nm³/km²。排放强度最低的依然是乐东县，仅排放了 9.32 万 Nm³/km²。

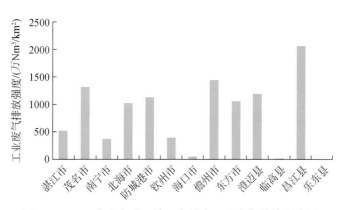

图 7-22　2010 年北部湾经济区各城市工业废气排放强度图

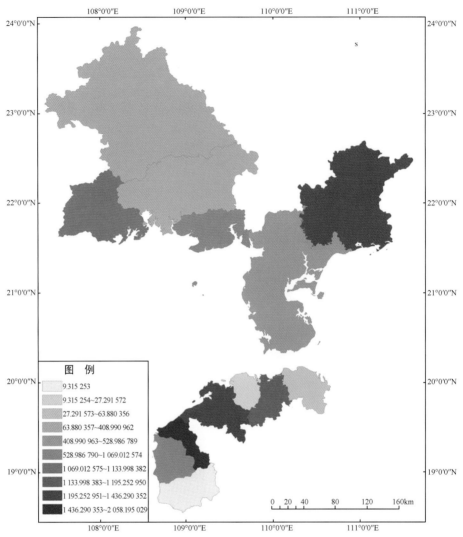

图 7-23　2010 年北部湾经济区工业废气排放强度分布图（单位：万 Nm^3/km^2）

制图单位：环境保护部华南环境科学研究所　制图时间：2013 年 3 月

　　2010 年北部湾经济区各城市工业二氧化硫排放强度如图 7-24 所示，分布图如图 7-25 所示。其中，最高的北海市，工业二氧化硫排放量相较 2005 年有所降低，达到 10 244.26kg/km^2。排放强度最低的依然是乐东县，但乐东县排放量有所上涨，达到了 30.11kg/km^2。

　　2010 年北部湾经济区各城市生活二氧化碳排放强度如图 7-26 所示，分布图如图 7-27 所示。其中，最高的是北海市，排放量达到 714.41kg/km^2，茂名市和南宁市紧随其后，生活二氧化碳排放强度均都超过了 400kg/km^2。

　　2010 年北部湾经济区各城市工业粉尘排放强度如图 7-28 所示，分布图如图 7-29 所示。其中，昌江县和北海市最高，昌江县达到 3485.19kg/km^2，北海市达到 2701.87kg/km^2。乐东县和海口市工业粉尘排放强度最低，趋近于零。

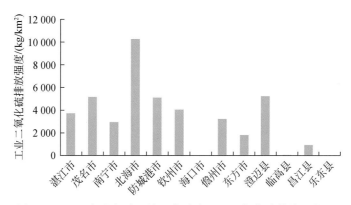

图 7-24　2010 年北部湾经济区各城市工业二氧化硫排放强度图

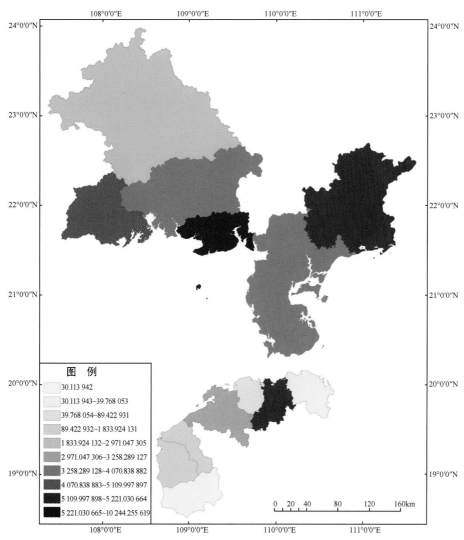

图 7-25　2010 年北部湾经济区工业二氧化硫排放强度分布图（单位：kg/km²）

制图单位：环境保护部华南环境科学研究所　制图时间：2013 年 3 月

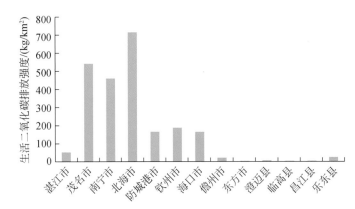

图 7-26　2010 年北部湾经济区各城市生活二氧化碳排放强度图

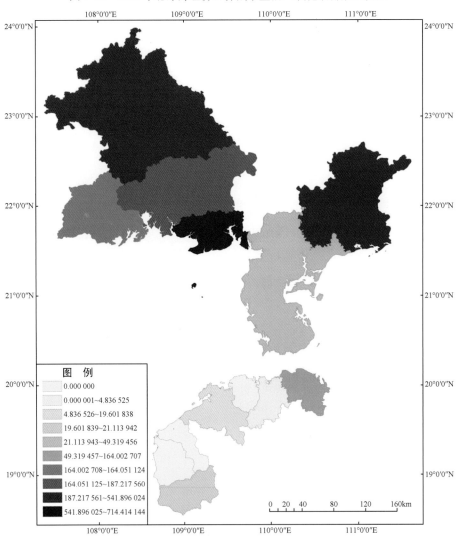

图 7-27　2010 年北部湾经济区生活二氧化碳排放强度分布图（单位：kg/km²）

制图单位：环境保护部华南环境科学研究所　制图时间：2013 年 3 月

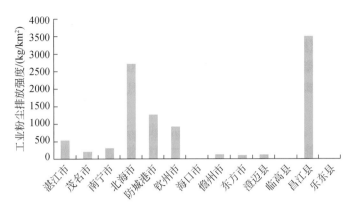

图 7-28　2010 年北部湾经济区各城市工业粉尘排放强度图

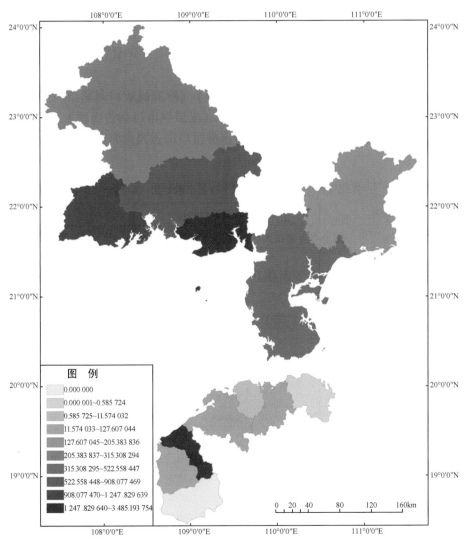

图 7-29　2010 年北部湾经济区工业粉尘排放强度分布图（单位：kg/km²）

制图单位：环境保护部华南环境科学研究所　制图时间：2013 年 3 月

2000~2010 年北部湾经济区工业废气排放强度十年变化见表 7-9 和图 7-30。2000~2005 年，工业废气排放强度增长最快的是北海市，2005 年排放量是 2000 年的 12.4 倍，五年时间猛然跻身前列。乐东县 2000 年排放量最少，这五年不升反降，排放量降低了22.81%，依然是北部湾经济区中排放量最少的。

表 7-9 2000~2010 年北部湾经济区工业废气排放强度变化

(单位：万 Nm³/km²)

地区	2000 年	2005 年	2010 年
湛江市	324.13	400.48	528.99
茂名市	334.71	384.26	1317.1
南宁市	127.77	561.92	381.52
北海市	58.4	724.34	1034.49
防城港市	71.52	94.52	1134
钦州市	141.26	198.17	408.99
海口市	28.15	38.79	63.88
儋州市	160.56	772.89	1436.29
东方市	311.12	744.24	1069.01
澄迈县	730.35	778.33	1195.25
临高县	15.33	37.84	27.29
昌江县	656.65	802.11	2058.2
乐东县	1.71	1.32	9.32

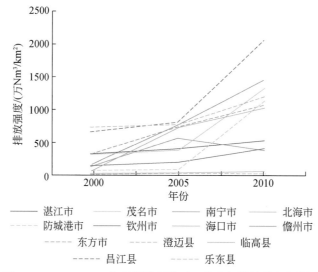

图 7-30 2000~2010 年北部湾经济区工业废气排放强度变化图

2005~2010 年，工业废气排放强度增长最快的是防城港市，2010 年排放量是 2005 年的 12 倍，值得一提的是，这五年乐东县工业也得到迅猛发展，2010 年排放量是 2005 年的7 倍。而南宁市和临高县这五年工业废气排放强度有所下降。

不过，在这十年间，工业废气排放强度增长最快的还是北海市，2010年排放量是2000年的17.7倍，湛江市、澄迈县、临高县相对而言增长比较缓慢。2010年工业废气排放强度最高的是昌江县，达到2058.2万Nm³/km²。

2000~2010年北部湾经济区工业二氧化硫排放强度十年变化见表7-10和图7-31。2000~2005年，工业二氧化硫排放强度增长最快的是昌江县，2005年排放量是2000年的5.9倍，不过与北部湾经济区中其他地区相比排放量依然比较小。有一半的城市工业二氧化硫排放量都在下降，其中临高县下降最快，排放量降低了72.42%。

表7-10　2000~2010年北部湾经济区工业二氧化硫排放强度变化　　（单位：kg/km²）

地区	2000年	2005年	2010年
湛江市	3 906.85	3 795.77	3 740.6
茂名市	4 463.2	3 439.05	5 167.9
南宁市	683.87	3 007.84	2 971.05
北海市	7 146.01	13 211.19	10 244.26
防城港市	691.42	2 247.7	5 110
钦州市	2 544.38	2 870.45	4 070.84
海口市	168.71	57.91	39.77
儋州市	126.52	405.33	3 258.29
东方市	123.52	119.99	1 833.92
澄迈县	7 520.03	7 463.42	5 221.03
临高县	89.42	24.66	89.42
昌江县	142.66	835.77	988.79
乐东县	3.43	2.06	30.11

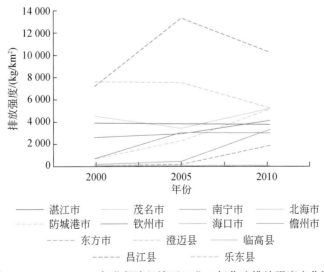

图7-31　2000~2010年北部湾经济区工业二氧化硫排放强度变化图

　　2005~2010 年，工业二氧化硫排放强度增长最快的是东方市和乐东县，东方市 2010 年排放量是 2005 年的 15.3 倍，乐东县 2010 年排放量是 2005 年的 14.6 倍，不过乐东县依然是北部湾经济区中工业二氧化硫排放强度最小的地区。湛江市、南宁市、北海市、海口市和澄迈县这五年工业二氧化硫排放强度有所下降。

　　不过，在这十年间，工业废气排放强度增长最快的是儋州市，2010 年排放量是 2000 年的 25.8 倍，湛江市、澄迈县、海口市排放量有所下降。2010 年工业二氧化硫排放强度最高的是北海市，达到 10 244.26kg/km^2。

　　2000~2010 年北部湾经济区生活二氧化碳排放强度十年变化见表 7-11 和图 7-32。2000~2005 年，生活二氧化碳排放强度增长最快的是茂名市，2005 年排放量是 2000 年的 2.1 倍。有一半的城市生活二氧化碳排放量都在下降，其中防城港市和钦州市下降最快，排放量降低都超过了 75%。

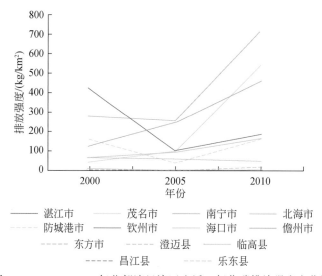

图 7-32　2000~2010 年北部湾经济区生活二氧化碳排放强度变化图

表 7-11　2000~2010 年北部湾经济区生活二氧化碳排放强度变化　（单位：kg/km^2）

地区	2000 年	2005 年	2010 年
湛江市	66.13	58.69	49.32
茂名市	44.56	93.23	541.9
南宁市	123.1	246.02	458.62
北海市	278.39	255.92	714.41
防城港市	163.57	40.77	164.05
钦州市	424.7	103.66	187.22
海口市	65.08	93.28	164
儋州市	3.37	5.51	19.6
东方市	14.18	0.0	0.0
澄迈县	3.87	2.9	4.84

地区	2000 年	2005 年	2010 年
临高县	11.39	0.0	0.0
昌江县	0.0	0.0	0.0
乐东县	0.0	0.0	21.11

2005～2010 年，生活二氧化碳排放强度增长最快的依然是茂名市，2010 年排放量是 2005 年的 5.8 倍。各个城市都有不同程度的上升，只有湛江市下降了 16.0%。

在这十年间，生活二氧化碳排放强度增长最快的是茂名市，2010 年排放量是 2000 年的 12.2 倍，湛江市、澄迈县、海口市排放量有所下降。2010 年生活二氧化碳排放强度最高的是北海市，达到 714.41kg/km²。

2000～2010 年北部湾经济区工业粉尘排放强度十年变化见表 7-12 和图 7-33。2000～2005 年，工业粉尘排放强度增长最快的是澄迈县，2005 年排放量是 2000 年的 35.7 倍。大部分城市的工业粉尘排放强度下降，其中钦州市下降最快，排放量降低了 92%。

2005～2010 年，工业粉尘排放强度增长最快的是防城港市，2010 年排放量是 2005 年的 13.2 倍。大部分城市的工业粉尘排放强度依然呈下降趋势，这五年茂名市和儋州市下降得比较快。

在这十年间，工业粉尘排放强度增长最快的是澄迈县，2010 年排放量是 2000 年的 4.9 倍，大部分城市的工业粉尘排放强度呈下降趋势，十年间下降最快的是茂名市和儋州市，排放强度降幅都超过了 80%。2010 年北部湾经济区工业粉尘排放强度最高的是昌江县，达到 3485.19kg/km²。

表 7-12　2000～2010 年北部湾经济区工业粉尘排放强度变化（单位：kg/km²）

地区	2000 年	2005 年	2010 年
湛江市	1 533.2	400.48	522.56
茂名市	1 201.41	384.26	205.38
南宁市	391.41	561.92	315.31
北海市	3 660.12	724.34	2 701.87
防城港市	284.15	94.52	1 247.83
钦州市	2 491.45	198.17	908.08
海口市	2.24	38.79	0.59
儋州市	788.45	772.89	127.61
东方市	131.72	744.24	104.91
澄迈县	21.76	778.33	107.37
临高县	0	37.84	11.57
昌江县	5 656.31	802.11	3485.19
乐东县	0	1.32	0

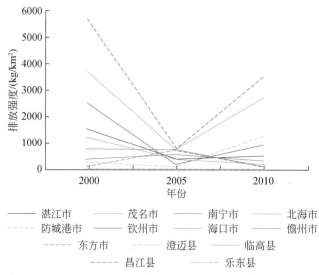

图 7-33　2000～2010 年北部湾经济区工业粉尘排放强度变化图

7.3　水污染物排放强度

2000 年北部湾经济区工业 COD 排放强度、生活 COD 排放强度见表 7-13。

表 7-13　2000 年北部湾经济区工业和生活 COD 排放强度

地区	工业 COD 排放强度/（kg/km²）	生活 COD 排放强度/（kg/km²）
湛江市	3210.90	4314.68
茂名市	1049.11	3560.45
南宁市	1819.49	1586.12
北海市	3059.97	3690.89
防城港市	1297.53	957.71
钦州市	4646.20	1145.19
海口市	154.02	4059.46
儋州市	801.52	1208.02
东方市	40.17	1339.47
澄迈县	143.42	1398.14
临高县	2212.51	1496.58
昌江县	401.80	1674.95
乐东县	80.89	800.87

2000 年北部湾经济区水污染排放强度如图 7-34 所示，分布图如图 7-35 和图 7-36 所示。工业 COD 排放强度方面，钦州市最高，达到了 4646.2kg/km²。生活 COD 排放强度方面，湛江市和海口市比较高，都超过了 4000kg/km²。

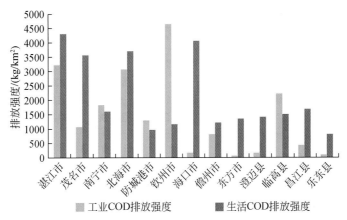

图 7-34　2000 年北部湾经济区水污染排放强度

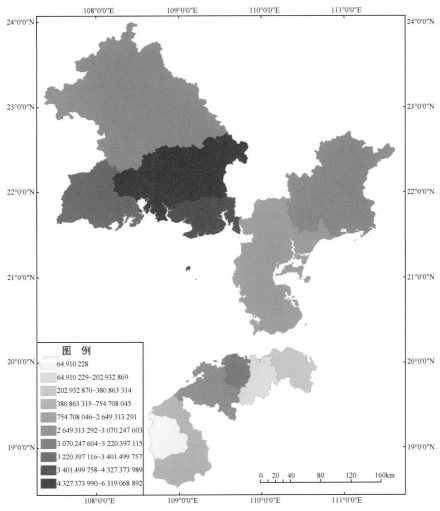

图 7-35　2000 年北部湾经济区工业 COD 排放强度分布图（单位：kg/km²）

制图单位：环境保护部华南环境科学研究所　制图时间：2013 年 3 月

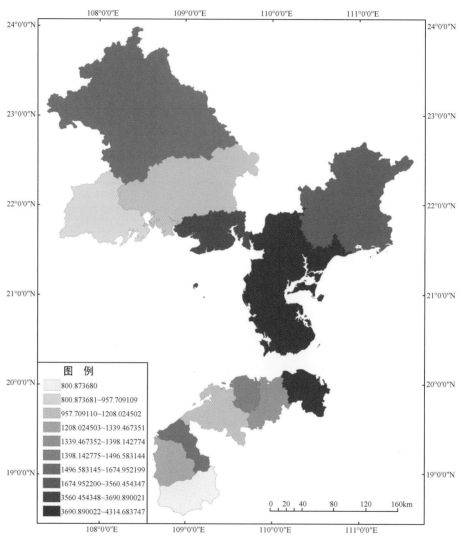

图 7-36　2000 年北部湾经济区生活 COD 排放强度分布图（单位：kg/km²）

制图单位：环境保护部华南环境科学研究所　制图时间：2013 年 3 月

2005 年北部湾经济区工业 COD 排放强度、生活 COD 排放强度见表 7-14。

表 7-14　2005 年北部湾经济区工业和生活 COD 排放强度

地区	工业 COD 排放强度/(kg/km²)	生活 COD 排放强度/(kg/km²)
湛江市	1364.14	3911.31
茂名市	921.85	2919.28
南宁市	4106.19	2780.68
北海市	6552.69	7411.81
防城港市	2659.62	1397.77
钦州市	6297.90	2146.47
海口市	99.07	4765.45
儋州市	1138.12	3934.95
东方市	192.59	1557.88
澄迈县	1248.03	2685.09
临高县	1520.61	3277.52
昌江县	479.88	1790.12
乐东县	19.33	1319.04

2005 年北部湾经济区水污染排放强度如图 7-37 所示，分布图如图 7-38 和图 7-39 所示。工业 COD 排放强度方面，大部分城市都有不同程度的增长，北海市和钦州市都超过了 6000kg/km²，北海市也已经超越钦州市，达到了 6552.69kg/km²。生活 COD 排放强度方面，北海市排放量也迅猛增长，达到了 7411.81kg/km²。

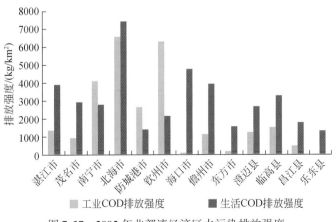

图 7-37　2005 年北部湾经济区水污染排放强度

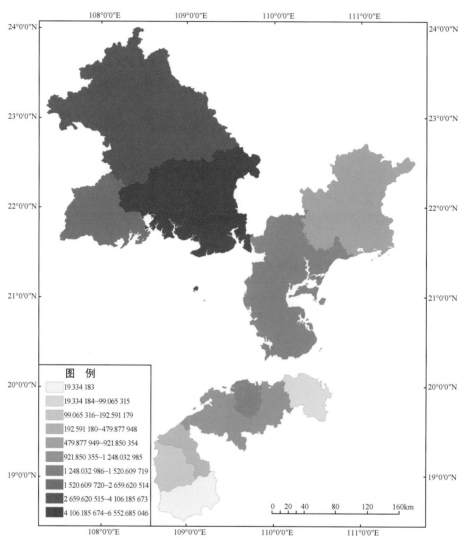

图例

19.334 183
19.334 184~99.065 315
99.065 316~192.591 179
192.591 180~479.877 948
479.877 949~921.850 354
921.850 355~1 248.032 985
1 248.032 986~1 520.609 719
1 520.609 720~2 659.620 514
2 659.620 515~4 106.185 673
4 106.185 674~6 552.685 046

图 7-38　2005 年北部湾经济区工业 COD 排放强度分布图（单位：kg/km²）
制图单位：环境保护部华南环境科学研究所　制图时间：2013 年 3 月

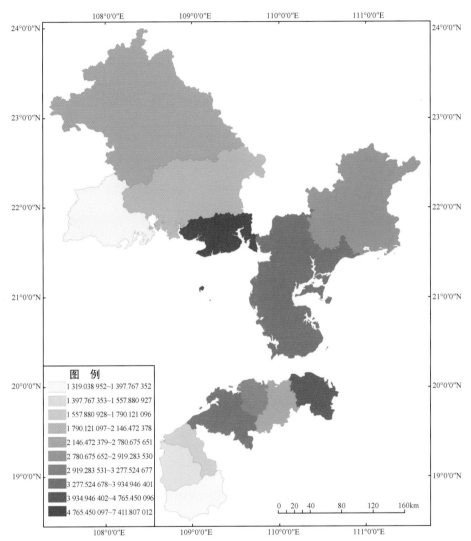

图 7-39 2005 年北部湾经济区生活 COD 排放强度分布图 (单位: kg/km^2)

制图单位: 环境保护部华南环境科学研究所 制图时间: 2013 年 3 月

2010 年北部湾经济区工业 COD 排放强度、生活 COD 排放强度见表 7-15。

表 7-15　2010 年北部湾经济区工业和生活 COD 排放强度

地区	工业 COD 排放强度/（kg/km²）	生活 COD 排放强度/（kg/km²）
湛江市	1042.28	3469.19
茂名市	1142.11	2681.65
南宁市	3007.74	2619.75
北海市	4384.72	7530.49
防城港市	3279.81	1838.79
钦州市	3614.87	3236.85
海口市	152.04	4895.98
儋州市	1327.41	3935.92
东方市	109.50	1503.95
澄迈县	387.07	2838.93
临高县	778.84	3574.88
昌江县	580.43	1770.27
乐东县	1.79	1754.80

2010 年北部湾经济区水污染排放强度如图 7-40 所示，分布图如图 7-41 和图 7-42 所示。工业 COD 排放强度方面，大部分城市都有不同程度的降低，北海市和钦州市都略有下降，但依然排在北部湾经济区的前两位。生活 COD 排放强度方面，北海市排放量依然居高不下，达到了 7530.49kg/km²。

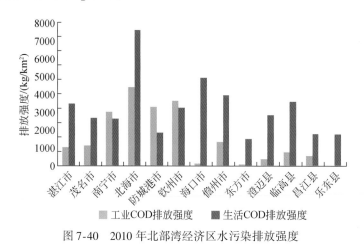

图 7-40　2010 年北部湾经济区水污染排放强度

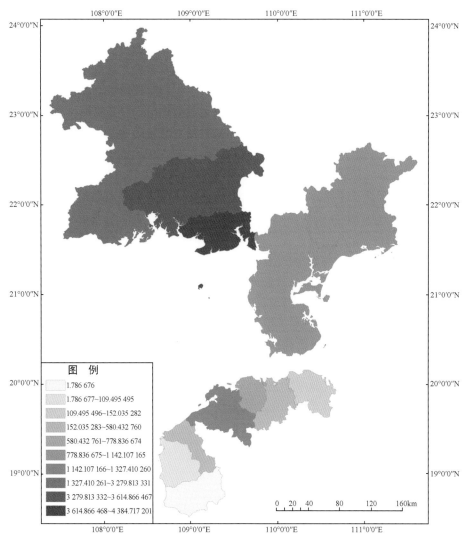

图 7-41 2010 年北部湾经济区工业 COD 排放强度分布图（单位：kg/km^2）

制图单位：环境保护部华南环境科学研究所 制图时间：2013 年 3 月

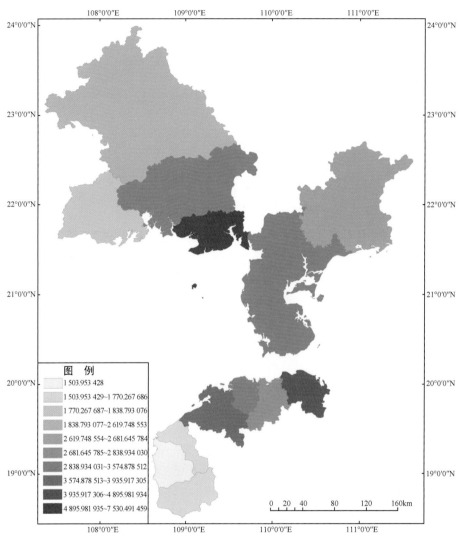

图 7-42　2010 年北部湾经济区生活 COD 排放强度分布图（单位：kg/km^2）

制图单位：环境保护部华南环境科学研究所　制图时间：2013 年 3 月

2000～2010 年北部湾经济区工业 COD 排放强度十年变化见表 7-16 和图 7-43。2000～2005 年，工业 COD 排放强度增长最快的是澄迈县，2005 年排放量是 2000 年的 8.7 倍，2005 年工业 COD 排放最高的是北海市，达到了 6552.69kg/km²。湛江市、茂名市、海口市和乐东县的工业 COD 排放强度下降，其中乐东县下降最快，排放量降低了 76.10%。

表 7-16　北部湾经济区工业 COD 排放强度变化　　　　（单位：kg/km²）

地区	2000 年	2005 年	2010 年
湛江市	3210.9	1364.14	1042.28
茂名市	1049.11	921.85	1142.11
南宁市	1819.49	4106.19	3007.74
北海市	3059.97	6552.69	4384.72
防城港市	1297.53	2659.62	3279.81
钦州市	4646.2	6297.9	3614.87
海口市	154.02	99.07	152.04
儋州市	801.52	1138.12	1327.41
东方市	40.17	192.59	109.5
澄迈县	143.42	1248.03	387.07
临高县	2212.51	1520.61	778.84
昌江县	401.8	479.88	580.43
乐东县	80.89	19.33	1.79

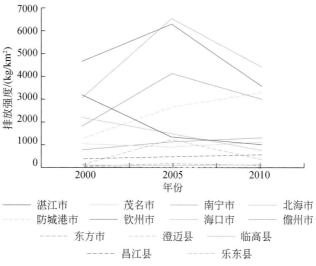

图 7-43　北部湾经济区工业 COD 排放强度变化

2005～2010 年，工业 COD 排放强度增长最快的是海口市，2010 年排放量增长了 53.47%。大部分城市的工业 COD 排放强度呈下降趋势，其中澄迈县下降最快，排放量降低了 68.99%。

在这十年间，工业 COD 排放强度增长最快的是澄迈县、东方市和防城港市，2010 年排放量都超过了 2000 年的 2.5 倍。十年间下降最快的是乐东县，2010 年排放强度下降了 97.79%，乐东县同时也是北部湾经济区工业 COD 排放量最小的地区。2010 年北部湾经济区工业 COD 排放强度最高的是北海市，达到 4384.72kg/km²。

2000 ~ 2010 年北部湾经济区生活 COD 排放强度十年变化见表 7-17 和图 7-44。2000 ~ 2005 年，生活 COD 排放强度增长最快的是儋州市，2005 年排放量是 2000 年的 3.26 倍，2005 年生活 COD 排放最高的是北海市，达到了 7411.81kg/km²。湛江市和茂名市生活 COD 排放强度略有下降。

表 7-17　北部湾经济区生活 COD 排放强度变化　　　　　　（单位：kg/km²）

地区	2000 年	2005 年	2010 年
湛江市	4314.68	3911.31	3469.19
茂名市	3560.45	2919.28	2681.65
南宁市	1586.12	2780.68	2619.75
北海市	3690.89	7411.81	7530.49
防城港市	957.71	1397.77	1838.79
钦州市	1145.19	2146.47	3236.85
海口市	4059.46	4765.45	4895.98
儋州市	1208.02	3934.95	3935.92
东方市	1339.47	1557.88	1503.95
澄迈县	1398.14	2685.09	2838.93
临高县	1496.58	3277.52	3574.88
昌江县	1674.95	1790.12	1770.27
乐东县	800.87	1319.04	1754.8

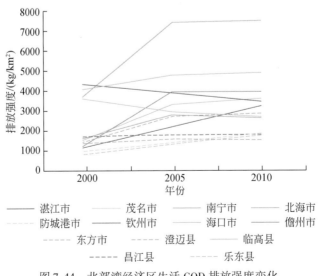

图 7-44　北部湾经济区生活 COD 排放强度变化

2005 ~ 2010 年，大部分城市生活 COD 排放强度趋于稳定，增长最快的是钦州市，2010 年排放量增长了 50.80%。

在这十年间，生活 COD 排放强度增长最快的是儋州市，2010 年排放量是 2000 年的 3.26 倍。十年间，湛江市和茂名市均略有下降。2010 年北部湾经济区生活 COD 排放强度最高的是北海市，达到 7530.49kg/km^2。排放强度最小的是东方市，仅有 1503.95kg/km^2。

7.4 污染胁迫与社会经济重心演变

本书采用重心模型（韩云霞，2016），分析北部湾经济区经济发展、人口的空间变化对排污空间格局的影响程度，探讨北部湾经济区的重心分布及其演变路径，以探讨北部湾经济区污染胁迫与社会经济发展之间的联系。根据图 7-45，经过 4 个重心的分析发现，区域的污染胁迫和社会经济重心向西北移动，在 2009 年左右向南部移动，总体说明区域北部、西部的快速发展是重心演变的关键原因。重心模型的计算方法具体如下。

假设一个区域由 n 个次级区域（或称为质点）P 构成，第 i 个次区域的中心城市的坐标为 (X_i, Y_i)，M_i 为 i 次区域的某种属性的量值（或称为质量），求其重心，设重心在 Q 处。对一个拥有若干个次一级行政区域的国家或省市来说，计算某种属性的"重心"通常是借助各次级行政区的某种属性和地理坐标来表达的，即重心坐标为

$$\bar{x} = \frac{\sum m_i x_i}{\sum m_i}, \quad \bar{y} = \frac{\sum m_i y_i}{\sum m_i}$$

重心移动方向：从重心移动的方向和距离两个因素可以比较精确地确定重心的位置，即根据重心每年的移动方向和距离，应用几何学图示法可以将重心移动路径描述出来，从而比较准确地阐述重心移动路径。在分析重心移动的方向时，假设第 k 年重心坐标为 $[\text{long}_k, \text{lat}_k]$，第 $k+1$ 年重心坐标为 $[\text{long}_{k+1}, \text{lat}_{k+1}]$，第 n_1 年重心移动方向为 θ 度（相对于第 k 年），则 $\theta_{k+1} = n\pi/2 + \arctan([(\text{lat}_{k+1} - \text{lat}_k)]/[(\text{long}_{k+1} - \text{long}_k)])$，$n = 0, 1, 2$，并将弧度转化为角度，且规定正东方向为 0°，逆时针方向为正向，则第一象限（0°，90°）（东北方向）、第二象限（90°，180°）（西北方向）为正，反之，顺时针为负，即第三象限（180°，270°）（西南方向）、第四象限（270°，360°）（东南方向）为负。

重心移动的距离：假设 d 表示第 $k+1$ 年重心移动的距离（相对于第 k 年），则重心移动距离可表示为

$$d_{(k+1)\cdot k} = C \times \sqrt{(\text{long}_{k+1} - \text{long}_k)^2 + (\text{lat}_{k+1} - \text{lat}_k)^2}$$

式中，常数 C=111.11，表示由地球表面坐标单位（度）转化为平面距离（km）的系数。

7.4.1 GDP 重心

根据 GDP 重心计算结果，除 2000 ~ 2001 年向北方向移动外，整体上表现为向东北方向移动，2009 年后向南移动，特别是经度上向西移动的距离远远大于在纬度上向北移动的

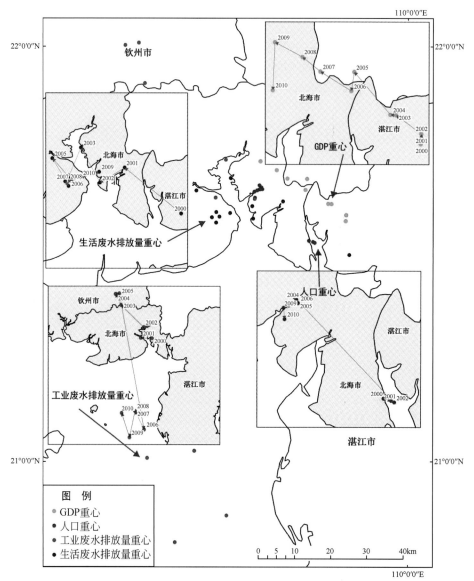

图 7-45 2000～2010 年北部湾污染与社会经济发展重心演变对比分析图
制图单位：环境保护部华南环境科学研究所 制图时间：2013 年 11 月

距离。北部湾经济区东部为湛江市和茂名市，2000 年年初在区域内经济相对比较发达，2003 年后西部和北部的经济总量和发展速度都比区域其他地区发展快。2000～2002 年垂直向北方向移动是因为南宁市行政区划调整，统计范围有所改变，造成该市的 GDP 出现剧烈增加所导致。重心转移路径表明，北部和西部是北部湾经济区高速发展的区域。随着北部湾区域的开发，南部的发展速度也加快，从而使经济重心向南偏移。在整个时间段内，说明在传统经济区内经济迅速发展的同时，国家的区域发展战略也开始发挥作用。

7.4.2 人口重心

总体来讲，人口重心呈先向东北后向南的方向移动。向东北方向移动的突变拐点出现在 2003 年，是因为 2003 年南宁市的行政区划因调整而扩大，2003 年的人口统计是行政区划调整后的人口数据，与人口急剧增加有关。2009 年后人口重心向南移动，与 GDP 重心变化的趋势一致。在整个时间段内，在纬向东北然后向南移动，这与 GDP 重心的纬向偏移保持一致，主要受北部湾经济区开发的影响。

7.4.3 工业废水排放量重心

工业废水排放重心呈先向东北后向南的方向移动，然后在南部进行南北波动。向东北方向移动的突变拐点出现在 2003 年，也是因为 2003 年南宁市的行政区划因调整而扩大，2003 年的工业废水统计是行政区划调整后的排放数据。2005 年后工业废水排放量重心向南移动，比 GDP 重心的向南变化提前了 4 年，随后的 4 年里呈现了南北方向的上下波动，说明北部湾经济区的工业发展向沿海转移，在工业增长上相互拉锯。

7.4.4 生活污水排放量重心

生活污水排放量重心整体上呈现向东北部移动，连续年份之间的波动呈跳跃式，未完全保持较为稳定的变化和方向，总体上向东移动的距离大于向北的距离。

7.5 生态环境胁迫指数

用生态环境胁迫指标体系中人口密度、大气污染、水污染等指标和各指标在该主题中的相对权重，构建生态环境胁迫指数，用来反映各地区生态环境受胁迫状况。

$$\mathrm{ESI}_i = \sum_{j=1}^{n} \mathrm{ES}w_j \cdot \mathrm{ES}r_{ij}$$

式中，ESI_i 为第 i 地区生态环境胁迫指数；$\mathrm{ES}w_j$ 为生态环境胁迫主题中各指标相对权重；$\mathrm{ES}r_{ij}$ 为第 i 地区各指标的标准化值。北部湾经济区各市县生态环境胁迫指数变化见表 7-18。

表 7-18 北部湾经济区各市县生态环境胁迫指数十年变化

地区	2000 年	2005 年	2010 年
湛江市	0.74	0.45	0.49
茂名市	0.57	0.42	0.55
南宁市	0.16	0.39	0.42
北海市	0.80	0.87	0.87

地区	2000 年	2005 年	2010 年
防城港市	0.12	0.19	0.42
钦州市	0.60	0.51	0.53
海口市	0.13	0.34	0.35
儋州市	0.18	0.17	0.31
东方市	0.03	0.04	0.10
澄迈县	0.43	0.32	0.27
临高县	0.32	0.20	0.20
昌江县	0.04	0.05	0.10
乐东县	0.03	0.03	0.03

　　北部湾经济区各片区生态环境胁迫指数变化见表 7-19 和图 7-46。北部湾经济区东部和西部片区生态环境胁迫相对较强，约为北部综合胁迫指数的 1.7 倍，南部的生态环境胁迫相对最弱。从变化趋势来看，4 个片区的变化情况和污染胁迫与社会经济重心演变的规律相接近，东部和南部的生态环境胁迫逐渐减弱，西部片区的生态环境胁迫强度微增长。整个经济区的生态环境胁迫十年间呈北增、西强、东弱、南减的趋势。

表 7-19　北部湾经济区各片区生态环境胁迫指数十年变化

地区	2000 年	2005 年	2010 年
东部	0.86	0.63	0.64
北部	0.16	0.45	0.38
西部	0.66	0.67	0.67
南部	0.12	0.01	0.01

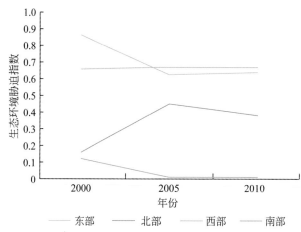

图 7-46　北部湾经济区各片区生态环境胁迫指数十年变化

第8章 | 开发强度十年变化

评估区域的开发强度,对于科学调整区域的经济结构,优化国土空间开发格局,促进区域经济社会和资源环境协调可持续发展具有重要作用。本章主要通过土地开发强度(LDI)、经济活动强度(EAI)、水资源开发强度(WRUI)、岸线利用强度(CUI)、土地城市化和经济城市化(UI)指标分析北部湾经济区的开发强度。

8.1 土地开发强度

8.1.1 建设用地比例

土地开发强度(LDI)用建筑密度来表示(刘明皓,2014),即某一研究区域内建筑用地(包括城镇建设、独立工矿、农村居民点、交通、水利设施及其他建设用地等)总面积占该研究区域总面积的比例,其计算公式为

$$LDI = CA/A$$

式中,LDI 为土地开发强度;CA 为研究区域内建设用地总面积(km^2);A 为该研究区域总面积(km^2)。

2000~2010 年北部湾经济区建设用地比例变化见表 8-1 和图 8-1。总的来说,近十年来北部湾经济区建设用地比例逐年增加,建设用地比例由 3.40%(2000 年)增长到4.16%(2010 年),增长了约20%。其中南部建设用地增加了50%以上,区域和各市县主要是 2005 年后建设用地比例增长加速。

表 8-1 北部湾经济区建设用地比例十年变化表 （单位:%）

地区	2000 年	2005 年	2010 年
湛江市	4.03	4.33	4.61
茂名市	4.41	4.93	6.28
南宁市	4.51	4.72	4.95
北海市	5.32	5.35	5.66
防城港市	1.37	1.41	1.59
钦州市	1.82	1.87	2.09
海口市	5.05	5.69	8.04

续表

地区	2000 年	2005 年	2010 年
儋州市	1.85	2.02	2.87
东方市	1.40	1.42	2.42
澄迈县	1.58	1.62	2.32
临高县	1.92	1.97	2.66
昌江县	1.21	1.26	2.04
乐东县	1.00	1.02	1.51
北部湾经济区	3.40	3.61	4.16

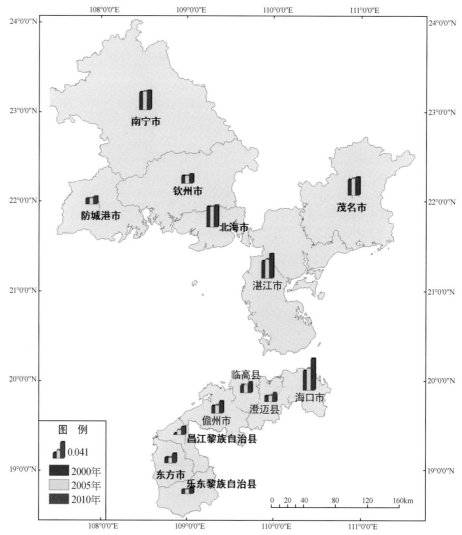

图 8-1　北部湾经济区建设用地比例十年变化图

制图单位：环境保护部华南环境科学研究所　制图时间：2013 年 3 月

2000~2010 年北部湾经济区各片区建设用地比例变化见表 8-2 和图 8-2。四大片区都是 2005~2010 年建设用地所占比例增大的幅度比 2000~2005 年加快。其中，东部地区增长的最为迅猛，10 年来增长了 29.62%，东部地区建设用地所占比例也是北部湾经济区各片区中最多的。而北部地区最平稳，10 年建设用地所占比例仅升高了 9.76%。四大片区中建设用地比例最少的是西部地区，只有 2.53%。到了 2010 年，北部湾经济区总建设用地比例为 4.16%。

表 8-2　北部湾经济区各片区建设用地比例十年变化表　　　　（单位:%）

地区	2000 年	2005 年	2010 年
东部	4.22	4.64	5.47
北部	4.51	4.72	4.95
西部	2.26	2.31	2.53
南部	2.00	2.14	3.13
北部湾经济区	3.40	3.61	4.16

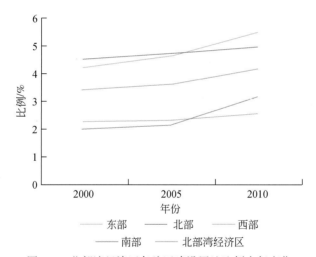

图 8-2　北部湾经济区各片区建设用地比例十年变化

8.1.2　土地利用程度综合指数

2000~2010 年北部湾经济区土地利用程度综合指数变化见表 8-3 和图 8-3。总体而言，近十年来北部湾经济区土地利用程度综合指数基本保持稳定，区域综合指数仅从 256.00（2000 年）增加到了 256.90（2010 年），区域和各片区的综合指数基本不变，南部综合利用指数明显高于其他片区。

表 8-3　北部湾经济区土地利用程度综合指数十年变化表

地区	2000 年	2005 年	2010 年
湛江市	235.24	235.09	235.53
茂名市	277.01	277.34	278.84
东部	256.78	256.87	257.86
南宁市	261.45	261.90	262.63
北部	261.45	261.90	262.63
北海市	253.45	253.38	253.48
防城港市	221.18	221.35	221.73
钦州市	231.88	232.10	232.52
西部	232.26	232.41	232.77
海口市	297.35	297.97	300.32
儋州市	285.75	285.84	286.16
东方市	261.20	261.25	261.25
澄迈县	290.13	290.12	290.84
临高县	296.95	296.88	297.58
昌江县	256.26	256.18	256.01
乐东县	259.20	259.44	259.55
南部	277.56	277.70	278.26
北部湾经济区	256.00	256.22	256.90

　　2000~2010 年北部湾经济区各片区土地利用程度综合指数变化见表 8-4 和图 8-4。十年来四大片区土地利用程度综合指数，在 2005~2010 年这一指数增长的幅度略微比 2000~2005 年快。其中，东部地区和北部地区增长的最快，10 年来东部地区增长了 0.42%，北部地区增长了 0.45%，南部地区和西部地区增长的比较缓慢，而南部地区土地利用程度综合指数是北部湾经济区各片区中最大的，为 278.26。而西部地区则是最小的，只有 232.77。到了 2010 年，北部湾经济区土地利用程度综合指数为 256.9。

表 8-4　北部湾经济区各片区土地利用程度综合指数十年变化表

地区	2000 年	2005 年	2010 年
东部	256.78	256.87	257.86
北部	261.45	261.9	262.63
西部	232.26	232.41	232.77
南部	277.56	277.7	278.26
北部湾经济区	256	256.22	256.9

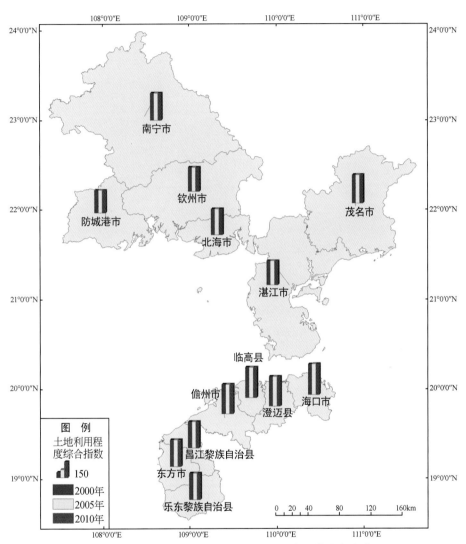

图 8-3　北部湾经济区土地利用程度综合指数十年变化

制图单位：环境保护部华南环境科学研究所　制图时间：2013 年 3 月

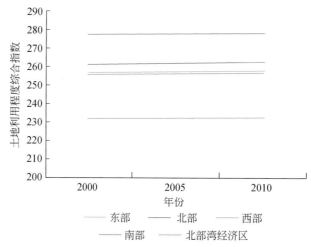

图 8-4 北部湾经济区土地利用程度综合指数十年变化

8.2　经济活动强度

经济活动强度（EAI）是单位国土面积的 GDP，其计算公式为

$$EAI = GDP/A$$

式中，EAI 为经济活动强度（万元/km^2）；GDP 为研究区域内 GDP 总量（万元）；A 为该研究区域总面积（km^2）。

2000～2010 年北部湾经济区经济活动强度变化见表 8-5 和图 8-5。十年来，北部湾经济区经济发展迅速，经济活动强度逐年增强，其经济活动强度由 203 万元/km^2（2000 年）增长到 661 万元/km^2（2010 年），增长了约 3 倍。从其内部发展趋势来看，海口市、湛江市、茂名市和北海市近十年的经济活动一直较强，其中海口市最为显著。

表 8-5　北部湾经济区经济活动强度十年变化表　（单位：万元/km^2）

地区	2000 年	2001 年	2002 年	2003 年	2004 年	2005 年	2006 年	2007 年	2008 年	2009 年	2010 年
湛江市	338	358	385	427	480	510	588	650	721	801	942
茂名市	433	473	523	573	630	666	750	794	892	908	1065
东部	384	414	452	498	552	586	666	720	804	853	1002
南宁市	133	146	161	225	254	306	363	425	494	577	659
北部	133	146	161	225	254	306	363	425	494	577	659
北海市	347	374	416	423	470	518	561	662	795	819	992
防城港市	97	105	117	82	94	150	382	453	531	561	439
钦州市	125	135	146	145	157	181	104	132	166	198	397
西部	153	166	182	172	190	228	263	315	379	409	508
海口市	603	653	736	1022	1124	1317	1507	1613	1714	1871	2256
儋州市	175	177	191	196	212	213	234	241	268	284	785

续表

地区	2000 年	2001 年	2002 年	2003 年	2004 年	2005 年	2006 年	2007 年	2008 年	2009 年	2010 年
东方市	89	96	111	121	146	164	184	223	254	234	263
澄迈县	112	122	137	145	161	184	224	246	288	332	432
临高县	134	156	187	215	232	281	300	302	364	373	448
昌江县	88	89	87	104	136	155	175	192	228	231	309
乐东县	70	65	72	76	81	84	99	106	123	146	164
南部	184	196	218	268	297	338	384	413	455	489	685
北部湾经济区	203	219	241	274	305	342	394	442	505	552	661

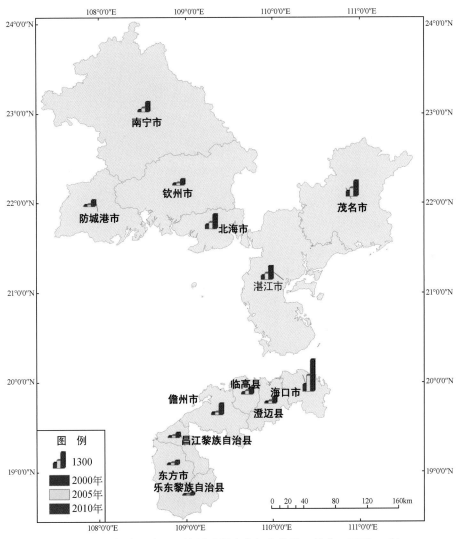

图 8-5 北部湾经济区经济活动强度十年变化图（单位：万元/km^2）

制图单位：环境保护部华南环境科学研究所 制图时间：2013 年 3 月

2000～2010 年北部湾经济区各片区经济活动强度十年变化见表 8-6 和图 8-6。十年来四大片区经济活动强度逐年增快。其中，北部地区增长的最快，2010 年北部地区经济活动强度是 2000 年的 5 倍。东部地区增长的比较缓慢，2010 年经济活动强度是 2000 年的 2.6 倍，而东部地区经济活动强度同时又是北部湾经济区各片区中最大的，为 1002 万元/km²，远高于平均水平。而西部地区则是最小的，只有东部地区的一半。到了 2010 年，北部湾经济区经济活动强度为 661 万元/km²。

表 8-6　北部湾经济区各片区经济活动强度十年变化表　　　　（单位：万元/km²）

地区	2000 年	2001 年	2002 年	2003 年	2004 年	2005 年	2006 年	2007 年	2008 年	2009 年	2010 年
东部	384	414	452	498	552	586	666	720	804	853	1002
北部	133	146	161	225	254	306	363	425	494	577	659
西部	153	166	182	172	190	228	263	315	379	409	508
南部	184	196	218	268	297	338	384	413	455	489	685
北部湾经济区	203	219	241	274	305	342	394	442	505	552	661

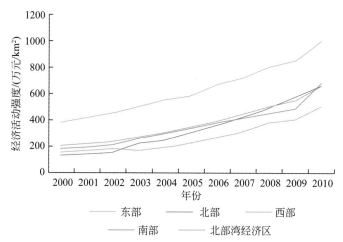

图 8-6　北部湾经济区各片区经济活动强度十年变化图

8.3　水资源利用强度

北部湾经济区多年平均地表水资源总量为 654.0 亿 m³。各行政分区的径流量见表 8-7 和图 8-7。南宁市多年平均径流量最大，达到 140 亿 m³。临高县平均径流量最小，仅为 8.7 亿 m³。平均径流深度最深的是防城港市，达 1181mm，最浅的是东方市，仅为 523.9mm。

表 8-7 北部湾经济区地表水资源量

地区	多年平均		不同频率天然年径流量/亿 m³				
	径流量/亿 m³	径流深/mm	20%	50%	75%	90%	95%
茂名市	110.2	973.5	137.1	106.8	85.9	69.8	61.2
湛江市	88.8	712.1	114.1	85.0	65.8	51.1	43.4
南宁市	140.0	633.1	172.0	136.0	111.0	91.1	80.5
防城港市	73.0	1181.0	84.9	72.1	62.7	55.0	50.8
钦州市	104.4	962.8	125.0	102.0	86.6	73.9	66.9
北海市	31.2	935.0	37.8	30.5	25.4	21.4	19.2
海口市	19.1	824.4	20.4	15.1	11.6	8.9	7.5
澄迈县	17.2	831.7	22.1	16.5	12.7	9.9	8.4
临高县	8.7	661.7	11.3	8.3	6.4	4.9	4.2
儋州市	19.1	585.9	24.4	18.3	14.3	11.2	9.6
东方市	11.8	523.9	16.4	10.8	7.4	5.0	3.9
乐东县	20.1	729.9	26.6	18.9	13.9	10.3	8.4
昌江县	10.4	654.1	14.3	9.6	6.7	4.7	3.7
北部湾经济区	654.0	799.3	806.4	629.9	510.4	417.2	367.7

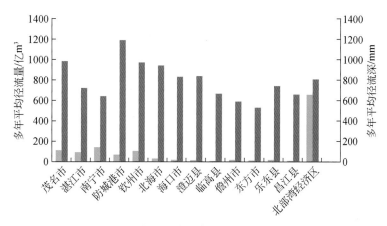

图 8-7 北部湾经济区各地区地表水资源量

　　北部湾经济区多年平均地下水资源量见表 8-8 和图 8-8。总体而言，北部湾经济区地下水资源总量为 182.71 亿 m³，与地表水资源量之间的重复计算量为 176.78 亿 m³。其中，地下水资源最为丰富的是茂名市，储量达到 31.49 亿 m³，地下水资源最贫瘠的地区是昌江县，储量仅为 2.50 亿 m³。

表 8-8　北部湾经济区地下水资源量

地区	地下水资源量/亿 m³	重复计算量/亿 m³	非重复计算量/亿 m³
茂名市	31.49	31.49	0.00
湛江市	27.94	25.44	2.50
南宁市	27.64	27.64	0.00
防城港市	26.41	26.41	0.00
钦州市	24.89	24.89	0.00
北海市	8.26	7.21	1.05
海口市	7.55	7.21	0.34
澄迈县	4.81	4.46	0.35
临高县	3.41	3.04	0.37
儋州市	6.01	5.38	0.63
东方市	4.51	4.10	0.41
乐东县	7.29	7.21	0.08
昌江县	2.50	2.30	0.20
北部湾经济区	182.71	176.78	5.93

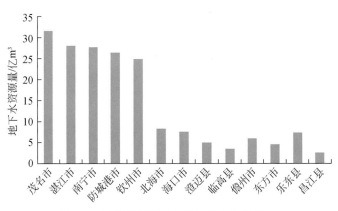

图 8-8　北部湾经济区各片区地下水资源量

　　北部湾经济区区域水资源总量见表 8-9 和图 8-9。区域水资源总量是指当地年内降水量形成的地表、地下产水总量，不含出入境及入海水量。由北部湾经济区的地表水资源与地下水资源（非重复计算量）相加后，得出区域多年平均水资源量。总体而言，南宁市水资源储量最为丰富，达到 140 亿 m³，北部湾经济区水资源最为匮乏的是临高县，仅有 9.1 亿 m³。

表 8-9　北部湾经济区水资源总量

地区	水资源量/亿 m³
茂名市	110.2
湛江市	91.3
南宁市	140.0
防城港市	32.2
钦州市	73.0
北海市	104.4
海口市	19.4
澄迈县	17.6
临高县	9.1
儋州市	19.7
东方市	12.3
乐东县	20.1
昌江县	10.6
北部湾经济区	659.9

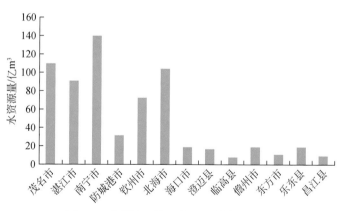

图 8-9　北部湾经济区各地区水资源总量

北部湾经济区水资源分布图如图 8-10 所示。

2001 年、2005 年和 2010 年北部湾经济区工业用水量、新鲜用水量和重复用水量空间分布示意如图 8-11～图 8-13 所示，茂名市、湛江市和南宁市工业用水量一直较高，防城港市和儋州市的工业用水量增长较快，整个北部湾经济区重复用水量较高。

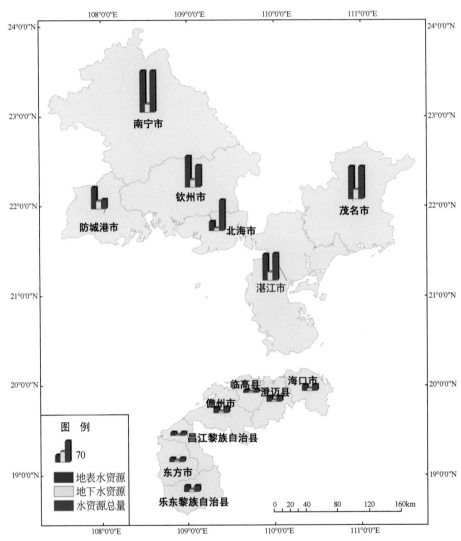

图 8-10　北部湾经济区水资源量分布图（单位：亿 m³）

制图单位：环境保护部华南环境科学研究所　制图时间：2013 年 3 月

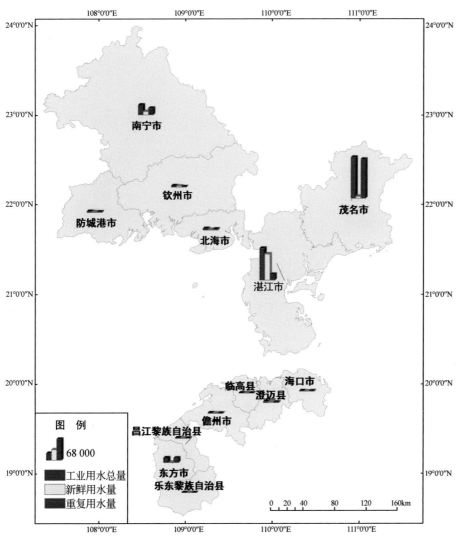

图 8-11　2001 年北部湾经济区工业用水分布图（单位：万 t）

制图单位：环境保护部华南环境科学研究所　制图时间：2013 年 3 月

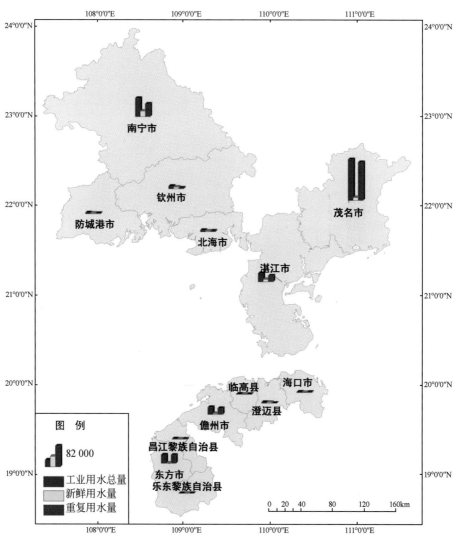

图 8-12 2005 年北部湾经济区工业用水分布图（单位：万 t）

制图单位：环境保护部华南环境科学研究所 制图时间：2013 年 3 月

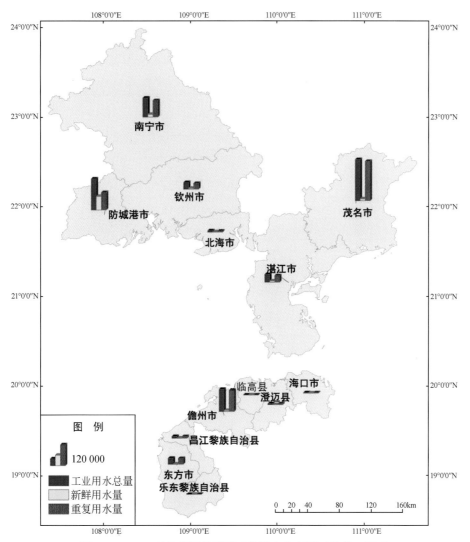

图 8-13　2010 年北部湾经济区工业用水分布图（单位：万 t）
制图单位：环境保护部华南环境科学研究所　制图时间：2013 年 3 月

8.4 岸线利用强度

2000～2010年北部湾经济区人工岸线变化统计见表8-10。总体而言，北部湾经济区人工岸线十年来增长迅速，2000年人工岸线总长为140.46km，2005年为161.86km，2010年为213.43km，增速逐渐增大。

表 8-10 北部湾经济区人工岸线十年变化 （单位：km）

地区	2000 年人工岸线	2005 年人工岸线	2010 年人工岸线
湛江市	37.08	46.89	64.92
茂名市	18.41	26.21	27.58
东部	55.49	73.1	92.50
北海市	24.09	24.09	26.17
防城港市	16.31	18.67	25.97
钦州市	12.39	13.45	18.58
西部	52.79	56.21	70.72
海口市	8.26	8.62	15.80
儋州市	14.62	14.62	22.86
东方市	0.8	0.8	0.80
澄迈县	4.34	4.34	5.22
临高县	3.23	3.23	3.87
昌江县	0	0	0.26
乐东县	0.95	0.95	1.40
南部	32.18	32.55	50.21
北部湾经济区	140.46	161.86	213.43

北部湾经济区各片区人工岸线十年变化统计见表8-11和图8-14。各片区中，东部地区十年来人工岸线稳步增长，而且其增长速度最快，2000～2010年增长了66.70%。同时东部地区人工岸线也是最长的，达到92.5km。西部地区和南部地区都是2005年之后才开始迅猛增长，尤其是南部地区，2005～2010年增长了54.26%。不过南部地区人工岸线依然是北部湾经济区各片区中最短的。2000～2010年，北部湾经济区人工岸线总增长率为51.95%，2010年达到了213.43km。

表 8-11 北部湾经济区各片区人工岸线十年变化 （单位：km）

地区	2000 年人工岸线	2005 年人工岸线	2010 年人工岸线
东部	55.49	73.1	92.50
西部	52.79	56.21	70.72

续表

地区	2000 年人工岸线	2005 年人工岸线	2010 年人工岸线
南部	32.18	32.55	50.21
北部湾经济区	140.46	161.86	213.43

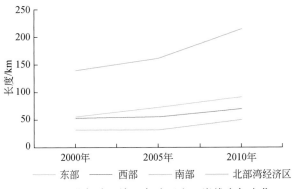

图 8-14　北部湾经济区各片区人工岸线十年变化

十年来北部湾经济区人工岸线空间分布图如图 8-15 ~ 图 8-17 所示。

2000 ~ 2010 年北部湾经济区岸线利用强度变化见表 8-12。岸线利用强度是人工岸线与区域岸线长度的比值，总体而言，北部湾经济区 2000 年和 2005 年区域岸线利用强度保持稳定，在 2005 年后岸线利用强度有所增加。

表 8-12　北部湾经济区岸线利用强度十年变化　　　　　（单位：km）

地区	2000 年岸线利用强度	2005 年岸线利用强度	2010 年岸线利用强度
湛江市	0.03	0.04	0.06
茂名市	0.11	0.16	0.17
东部	0.04	0.05	0.07
北海市	0.06	0.06	0.06
防城港市	0.06	0.07	0.10
钦州市	0.04	0.05	0.06
西部	0.05	0.06	0.07
海口市	0.08	0.08	0.15
儋州市	0.07	0.07	50.11
东方市	0.01	0.01	0.01
澄迈县	0.04	0.04	0.05
临高县	0.03	0.03	0.03
昌江县	0.00	0.00	0.01
乐东县	0.01	0.01	0.02
南部	0.04	0.04	0.07
北部湾经济区	0.05	0.05	0.07

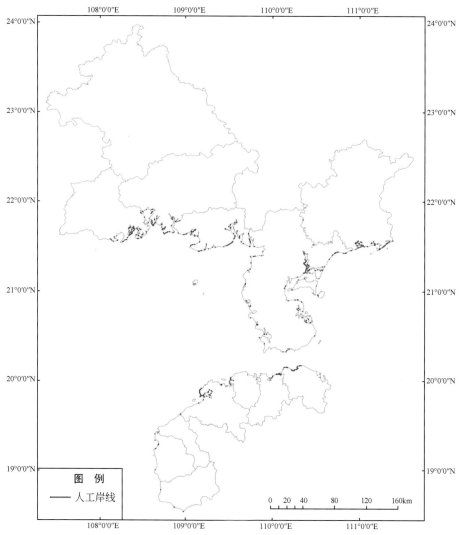

图 8-15 2000 年北部湾经济区人工岸线空间分布图

制图单位：环境保护部华南环境科学研究所 制图时间：2013 年 11 月

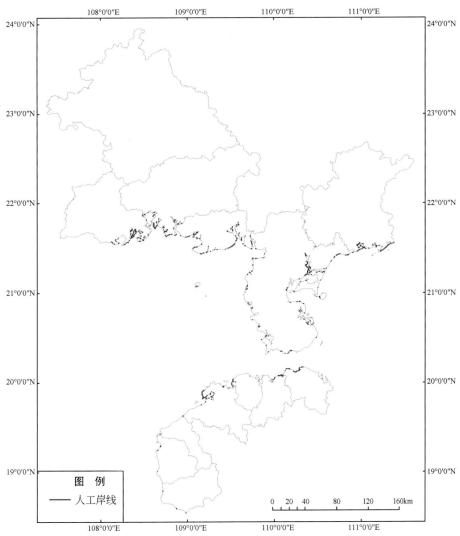

图 8-16　2005 年北部湾经济区人工岸线空间分布图

制图单位：环境保护部华南环境科学研究所　制图时间：2013 年 11 月

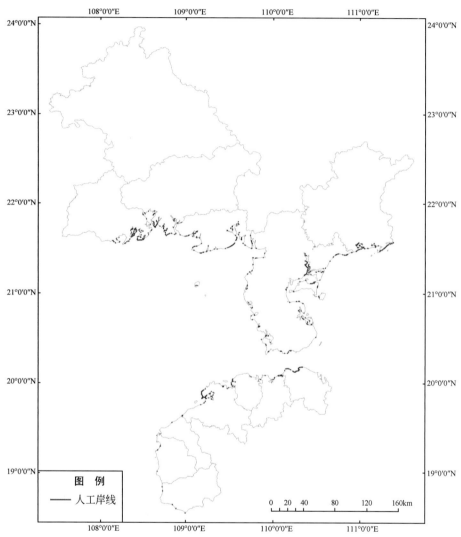

图 8-17   2010 年北部湾经济区人工岸线空间分布图
制图单位：环境保护部华南环境科学研究所   制图时间：2013 年 11 月

北部湾经济区各片区岸线利用强度变化统计见表 8-13 和图 8-18。十年来，各片区都有不同程度的增长。其中，东部地区和南部地区增长幅度比较明显，都从 0.04 涨到了 0.07。到 2010 年，三大片区岸线利用强度都达到了 0.07。2000～2010 年，北部湾经济区总的岸线利用强度增长了 40%。

表 8-13 北部湾经济区岸线利用强度十年变化 （单位：km）

地区	2000 年岸线利用强度	2005 年岸线利用强度	2010 年岸线利用强度
东部	0.04	0.05	0.07
西部	0.05	0.06	0.07
南部	0.04	0.04	0.07
北部湾经济区	0.05	0.05	0.07

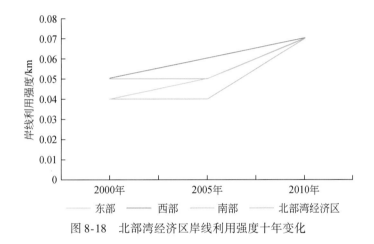

图 8-18 北部湾经济区岸线利用强度十年变化

8.5 城市化强度

2000～2010 年北部湾经济城市化变化见表 8-14 和图 8-19。总体而言，北部湾经济区经济城市化十年来变化较为平缓，十年来增长了 12.5%。各城市中，增长最快的是儋州市，由于 2009 年开始经济城市化的飞速发展，2010 年比 2000 年增长了 65.22%。而海口市由于区域规划改变的关系，是北部湾各区域中唯一一个经济城市化强度下降的城市，十年来下降了 5.1%，但海口市仍然是北部湾各区域中经济城市化强度最强的城市，达到了 0.93。2010 年，北部湾总体经济城市化强度为 0.81。

表 8-14 北部湾经济区经济城市化强度十年变化表

地区	2000 年	2001 年	2002 年	2003 年	2004 年	2005 年	2006 年	2007 年	2008 年	2009 年	2010 年
湛江市	0.73	0.74	0.74	0.79	0.80	0.78	0.78	0.78	0.77	0.78	0.79
茂名市	0.72	0.72	0.73	0.74	0.75	0.76	0.77	0.81	0.81	0.80	0.82

地区	2000 年	2001 年	2002 年	2003 年	2004 年	2005 年	2006 年	2007 年	2008 年	2009 年	2010 年
南宁市	0.83	0.85	0.86	0.81	0.83	0.83	0.85	0.85	0.85	0.86	0.86
北海市	0.69	0.70	0.71	0.72	0.74	0.75	0.75	0.77	0.77	0.76	0.78
防城港市	0.65	0.68	0.71	0.77	0.80	0.76	0.66	0.68	0.71	0.71	0.85
钦州市	0.48	0.50	0.51	0.55	0.59	0.62	0.78	0.82	0.83	0.84	0.75
海口市	0.98	0.98	0.98	0.91	0.91	0.93	0.92	0.92	0.92	0.92	0.93
儋州市	0.46	0.45	0.44	0.44	0.44	0.40	0.39	0.45	0.44	0.44	0.76
东方市	0.55	0.59	0.59	0.62	0.66	0.67	0.67	0.72	0.74	0.69	0.69
澄迈县	0.51	0.54	0.54	0.54	0.54	0.61	0.64	0.67	0.67	0.68	0.69
临高县	0.24	0.22	0.20	0.18	0.17	0.24	0.24	0.26	0.25	0.29	0.32
昌江县	0.62	0.61	0.55	0.59	0.66	0.69	0.68	0.72	0.72	0.70	0.75
乐东县	0.32	0.36	0.35	0.37	0.36	0.35	0.32	0.33	0.33	0.36	0.37
北部湾经济区	0.72	0.72	0.73	0.75	0.76	0.77	0.78	0.79	0.79	0.80	0.81

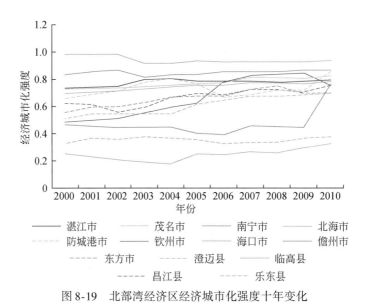

图 8-19　北部湾经济区经济城市化强度十年变化

北部湾经济城市化强度十年变化分布图如图 8-20 所示。

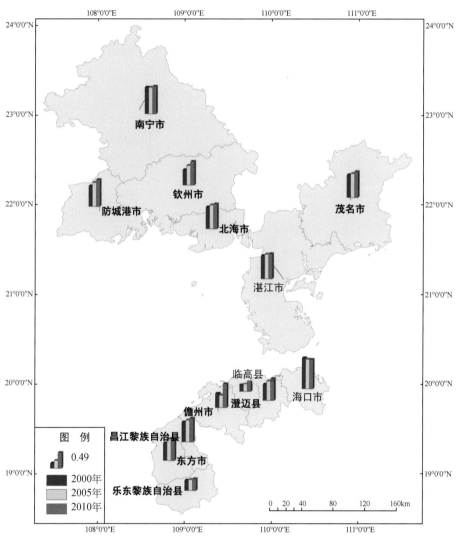

图8-20 北部湾经济区经济城市化强度十年变化分布图

制图单位：环境保护部华南环境科学研究所 制图时间：2013年3月

2000~2010年北部湾人口城市化变化见表8-15和图8-21。总体而言，北部湾经济区人口城市化十年来变化较为平缓，2003~2010年增长了10.71%。各城市中，增长最快的是澄迈县，由于2003~2005年人口城市化的飞速发展，2010年比2003年增长了88.89%。南宁市、北海市、防城港市和钦州市都有不同程度的下降。而海口市2002年后进行了行政区划的调整，导致人口城市化出现了大幅度下降，但仍然是北部湾各区域中人口城市化强度最大的城市，达到了0.60。钦州市是北部湾各区域中人口城市化强度最小的城市，仅达到0.10。2010年，北部湾总体人口城市化强度为0.31。

表8-15　北部湾经济区人口城市化强度十年变化表

地区	2000年	2001年	2002年	2003年	2004年	2005年	2006年	2007年	2008年	2009年	2010年
湛江市	—	—	—	0.26	0.28	0.38	0.37	0.37	0.37	0.37	0.37
茂名市	—	—	—	0.37	0.37	0.38	0.38	0.38	0.37	0.38	0.38
南宁市	—	0.42	0.42	0.26	0.26	0.27	0.27	0.27	0.27	0.27	0.25
北海市	—	0.28	0.29	0.29	0.30	0.30	0.31	0.30	0.30	0.29	0.28
防城港市	—	0.25	0.25	0.25	0.26	0.26	0.27	0.30	0.34	0.37	0.22
钦州市	—	0.11	0.11	0.11	0.11	0.11	0.11	0.11	0.11	0.11	0.10
海口市	—	0.85	1.19	0.55	—	0.59	0.60	0.60	0.60	0.60	0.60
儋州市	0.25	0.25	0.26	0.26	—	0.40	0.40	0.40	0.40	0.39	0.38
东方市	0.23	0.23	0.24	0.24	—	0.27	0.27	0.26	0.26	0.26	0.25
澄迈县	0.19	0.19	0.18	0.18	—	0.33	0.34	0.34	0.34	0.34	0.34
临高县	0.17	0.17	0.18	0.18	—	0.31	0.29	0.28	0.29	0.29	0.29
昌江县	0.30	0.30	0.31	0.30	—	0.35	0.36	0.32	0.36	0.35	0.31
乐东县	0.15	0.15	0.16	0.16	—	0.23	0.27	0.28	0.28	0.28	0.28
北部湾经济区	—	—	—	0.28	—	0.32	0.32	0.30	0.32	0.33	0.31

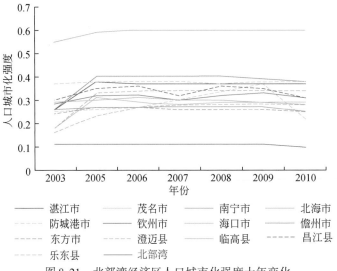

图8-21　北部湾经济区人口城市化强度十年变化

北部湾人口城市化强度十年变化分布图见图8-22。

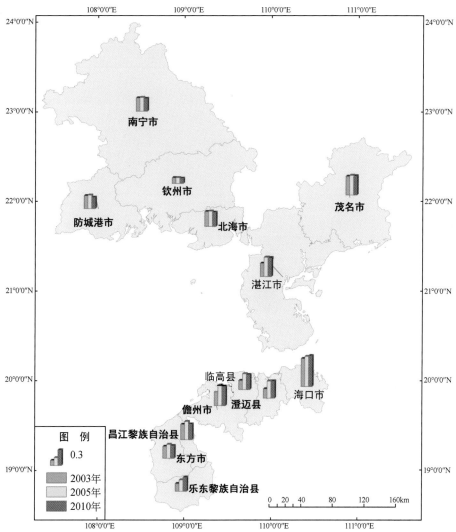

图8-22 北部湾经济区人口城市化强度十年变化分布图

制图单位：环境保护部华南环境科学研究所 制图时间：2013年3月

8.6 综合开发强度

根据指标公式对各个区域指标进行计算并统计入表,具体统计见表8-16。

表8-16 北部湾经济区开发强度

区域	项目	开发强度				
		土地开发强度	经济活动强度/(万元/km²)	岸线利用强度	经济城市化强度	人口城市化强度
北部湾经济区	2000年	256.00	203	0.05	0.72	0.28
	2005年	256.22	342	0.05	0.77	0.33
	2010年	256.90	661	0.07	0.81	0.31
	2000~2005年变动比例/%	0.09	68.47	0.00	6.94	17.86
	2005~2010年变动比例/%	0.27	93.27	40.00	5.19	-6.06
	2000~2010年变动比例/%	0.35	225.62	40.00	12.50	10.71

综合各种开发强度指数,建立开发强度综合指数,分析各研究区开发强度的分布特征。计算结果见表8-17和图8-23。2000~2005年大部分市县开发强度都有所下降,2005年之后各市县开发强度都大幅度提升。其中,开发强度增长最快的是昌江县,2000~2010年增长了21.43%。茂名市、北海市、钦州市和东方市这十年来开放强度略有下降。北部湾经济区各市县中,开发强度最大的是海口市,达到0.94。开发强度最小的是东方市,仅为0.15。

表8-17 北部湾经济区各市县历年开发强度综合指数

地区	2000年	2005年	2010年
湛江市	0.32	0.32	0.37
茂名市	0.83	0.78	0.77
南宁市	0.15	0.15	0.16
北海市	0.50	0.38	0.37
防城港市	0.35	0.29	0.37
钦州市	0.22	0.19	0.21
海口市	0.86	0.75	0.94
儋州市	0.51	0.44	0.57
东方市	0.16	0.16	0.15
澄迈县	0.32	0.32	0.35
临高县	0.29	0.31	0.29
昌江县	0.14	0.16	0.17
乐东县	0.12	0.13	0.18

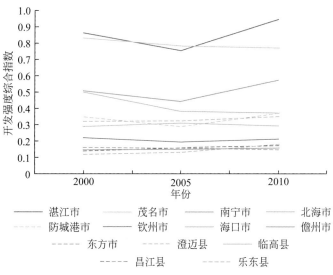

图 8-23　北部湾经济区各市县历年开发强度综合指数

2000~2010 年北部湾经济区各片区历年开发强度综合指数见表 8-18 和图 8-24，北部湾经济区过去十年中总体开发强度情况呈逐年增强趋势。开发强度最高的为东部地区，2010 年综合指数达到 0.92。其次为南部地区，最低的为北部地区。南部地区也是十年来增长最快的区域，虽然 2000~2005 年有下降趋势，但 2005~2010 年开发强度飞速发展，2000~2010 年开发强度综合指数增长了 17.57%。而西部地区有所下降，十年来降低了 3.85%。

表 8-18　北部湾经济区各片区历年开发强度综合指数

地区	2000 年	2005 年	2010 年
东部	0.84	0.84	0.92
北部	0.18	0.18	0.20
西部	0.52	0.50	0.50
南部	0.74	0.69	0.87

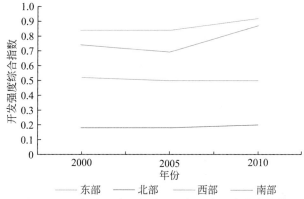

图 8-24　北部湾经济区各片区历年开发强度综合指数

第9章 资源开发与产业发展对生态环境的影响

目前，北部湾经济区已形成一定经济规模，东部和北部经济相对发达；产业结构较协调，初步形成石化、农副食品加工、能源、造纸等重点产业；基本形成六大产业组团，沿海沿河布局产业特征显现，重点产业主要呈点状分布，但正向产业集聚区集中；现代港口物流业已初具规模。区域内共有约40个产业集聚区，其中有国家级开发区8个，省级开发区32个，北部湾经济区重点发展产业为：石油化工、钢铁、林浆纸（含造纸）、能源、生物化工、铝加工业、农海产品加工、制药、建材、船舶修造业和港口物流等。本章通过港口开发对海岸线的影响、围填海对沿海滩涂的影响、海岸线利用对生态环境的影响、重点产业发展对陆地生态系统的整体影响等方面的分析，结合重点产业的土地利用效率、提出重点产业发展的生态适宜性评价。

9.1 港口开发对海岸线的影响

沿海港口总体规划的实施对构建我国综合交通运输体系、促进国民经济与社会发展具有重要意义，但对海岸带的生态环境亦将产生不可估量的影响。河口及海岸是天富之区，自古就有"舟楫之便，鱼盐之利"之说。河口及其海岸拥有丰富的淡水资源、土地资源、水产资源，港口资源等，其中港口资源为沿海聚居的航运及区域经济和社会的发展提供得天独厚的条件。然而，沿海港口的不合理布局、高强度开发及过度开发对海岸带的生态环境产生了破坏（宋巍巍等，2013）。

沿海港口的建设和运营存在很多海岸带的生态承载力限制性因素（范学忠等，2010）。沿海港口规划岸线的开发规模控制就是利用规划决策的宏观协调优势，分析港口规划岸线与生态敏感性岸线间的空间定量化关系，从而找出沿海港口最合理的规模，在规划决策阶段即排除由于不合理布局导致的沿海港口开发规模的超载。国内外已开展的沿海港口规划对海岸线的影响与分析研究多关注某一单独的港口，很少考虑邻近或同一区域海岸带的港口之间的相互作用和生态环境影响叠加效应，着眼于某一单独的港口很难从区域空间和时间累积性影响的角度对规划实施可能对相关生态敏感性岸线的整体影响进行分析。因此，以北部湾经济区为例，开展基于生态敏感性岸线的沿海港口规划岸线的开发规模控制研究是十分必要和有重要意义的。

根据8.4节岸线利用强度，虽然2000～2010年来北部湾经济区的岸线利用率较低，大部分岸线基本保持稳定，但是随着区域经济的快速增长，沿海重点产业集聚区开发建设、码头建设、城市扩张建设等涉及的填海造陆工程将会加速自然岸线的人工化,北部湾经济区海岸线利用面临较大的压力。根据《全国沿海港口布局规划》,西南沿海地区港口群由粤西、广西沿海和海南省的港口组成。该地区港口的布局以湛江、防城、海口港为主,相应发展北海、钦州、洋浦、八所、三亚等港口,服务于西部地区开发,为海南省扩大与岛外的物资交流提供运输保障。

北部湾经济区港口由湛江、茂名、防城、钦州、北海、海口、洋浦、八所等港口组成,即除三亚港口外的西南沿海地区港口群,该地区港口集装箱运输系统布局以湛江、防城、海口及北海、钦州、洋浦等港口组成集装箱支线或喂给港;进口石油、天然气中转储运系统由湛江、海口、洋浦、广西沿海等港口组成;进出口矿石中转运输系统由湛江、防城和八所等港口组成;由湛江、防城等港口组成粮食中转储运系统;以湛江、海口等港口为主,布局国内、外旅客中转及邮轮运输设施。

9.1.1 吞吐量规划

根据《全国沿海港口布局规划》《广西壮族自治区沿海港口布局规划》《广西北部湾港总体规划》《海南省港口布局规划》《湛江市港总体规划》《茂名港总体规划》,综合考虑各港口在北部湾经济区进出口货物运输中的地位和作用,各港口的货物吞吐总量预测详见表 9-1。

表 9-1 北部湾经济区主要港口货物吞吐量预测表

港口	2015 年预测/万 t	2020 年预测/万 t
湛江港	22 200	28 070
茂名港	4 990	6 600
防城港	10 700	15 500
钦州港	5 100	8 000
北海港	4 100	6 500
海口港	6 165	7 150
八所港	1 335	1 520
洋浦港	4 420	5 450
合计	59 010	78 790

由表 9-1 可知,北部湾经济区主要港口 2015 年货物吞吐总量为 59 010 万 t,2020 年货物吞吐总量为 78 790 万 t。

9.1.2 码头岸线规划

根据《全国沿海港口布局规划》《广西壮族自治区沿海港口布局规划》《广西北部湾

港总体规划》《海南省港口布局规划》《湛江市港总体规划》《茂名港总体规划》，北部湾经济区规划港口岸线总长为582.15km，其中深水码头岸线总长为372.81km，已利用的人工岸线总长为213.43km，北部湾经济区码头岸线预测详见表9-2，规划岸线分布如图9-1所示。预计到2020年，北部湾经济区沿海地区码头岸线较现状将约增加2倍，码头规划岸线约占该地区岸线总长（3063.57km）的19%，其中西部远期规划港口岸线总长为267km，较现状约增加3倍。

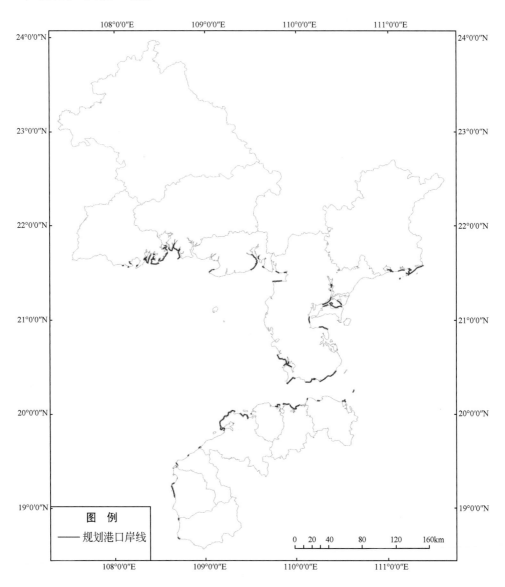

图 9-1　北部湾经济区规划港口岸线空间分布

制图单位：环境保护部华南环境科学研究所　制图时间：2013 年 11 月

表 9-2　北部湾经济区沿海各市县港口岸线规划表　　　（单位：km）

地区	规划利用海岸线长度	已利用海岸线长度
湛江	157.95	64.92
茂名	60.20	27.58
东部	218.15	92.50
北海市	88.00	26.17
防城港市	105.00	25.97
钦州市	74.00	18.58
西部	267.00	70.72
海口市	8.40	15.80
澄迈县	20.00	22.86
临高县	5.70	0.80
儋州市	49.30	5.22
昌江县	4.90	3.87
东方市	6.10	0.26
乐东县	2.60	1.40
南部	97.00	50.21
北部湾经济区	582.15	213.43

9.1.3　北部湾经济区生态敏感性海岸线划分

　　生态敏感性岸线划分的主要依据包括各省、区海洋功能区划，收集并数字化后的生态环境敏感区空间分布信息等。海岸线按照生态敏感性岸线和可利用岸线进行划分。划分原则如下：生态敏感性岸线细分为禁止开发岸线和限制开发岸线，禁止开发岸线包括保护区及成片红树林岸线、海洋生态保护区岸线、重要旅游资源岸线，限制开发岸线包括旅游度假区岸线、养殖区岸线和增殖区岸线和人工鱼礁等。生态敏感性岸线空间分布如图 9-2 所示。根据 GIS 分析，北部湾经济区禁止开发岸线长度为 1209.7km，限制开发岸线长度为 813.6km，合计 2023.3km，占区域岸线总长的 66.44%，占自然岸线长度的 71.00%，生态敏感岸线主要分布在北部湾经济区东部。各市县生态敏感性岸线长度见表 9-3，海南片区的生态敏感性岸线约占北部湾经济区的六分之一，其中儋州市的生态敏感性岸线最长占海南片区生态敏感性岸线的 44%，其余各市县生态敏感性岸线都低于 100km；广西片区的生态敏感性岸线约占北部湾经济区的三分之一，其中生态敏感性岸线的长度顺序依次为北海市、防城港市和钦州市；广东片区的生态敏感性岸线约占北部湾经济区的二分之一，其中湛江市尤为突出，其生态敏感性岸线是茂名市的 9.4 倍。

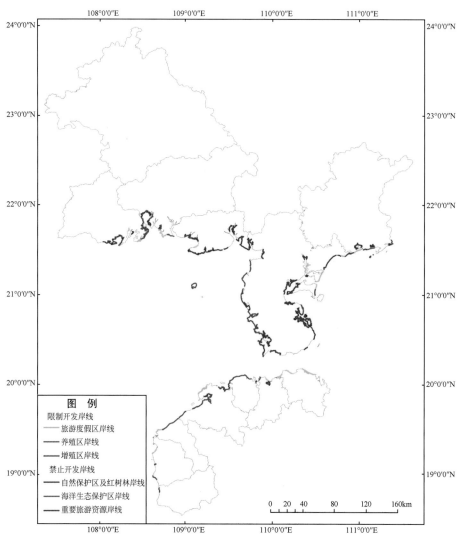

图 9-2　北部湾经济区生态敏感性岸线空间分布

制图单位：环境保护部华南环境科学研究所　制图时间：2013 年 11 月

表9-3　北部湾经济区各市县生态敏感性岸线　　　　（单位：km）

地区	禁止开发岸线	限制开发岸线	生态敏感性岸线
茂名市	53.1	43.6	96.7
湛江市	553.1	354.5	907.6
北海市	246.1	34.7	280.8
钦州市	66.2	88.7	154.9
防城港市	80.6	154.1	234.7
海口市	49.9	0.0	49.9
澄迈县	17.5	17.0	34.5
临高县	44.5	4.5	49
儋州市	73.3	81.8	155.1
昌江县	25.4	10.5	35.9
东方市	0.0	17.9	17.9
乐东县	0.0	6.25	6.25

9.1.4　港口开发的海岸线生态适宜性分析

使用港口岸线利用长度与非敏感性岸线长度的比值表征区域岸线资源利用的压力，结果见表9-4。分析可知，区域港口规划利用岸线的压力最高为0.27，其中茂名市由于非敏感性岸线较短，岸线利用压力高出广东片区和北部湾经济区的平均岸线利用压力1倍以上；广西片区港口规划利用岸线的压力是规划填海利用岸线压力的3倍，岸线利用压力主要来自于港口规划，港口岸线规划压力与北部湾经济区平均值持平；海南片区港口规划利用岸线的压力低于北部湾经济区平均值，其中儋州市岸线利用压力相对较高。

表9-4　规划港口利用岸线压力

地区	港口规划利用岸线压力
湛江市	0.24
茂名市	0.70
广东片区	0.30
北海市	0.36
防城港市	0.35
钦州市	0.18
广西片区	0.28
海口市	0.06
澄迈县	0.36
临高县	0.26

续表

地区	港口规划利用岸线压力
儋州市	0.58
昌江县	0.30
东方市	0.09
乐东县	0.05
海南片区	0.22
北部湾经济区	0.27

大规模的港口、航道和工业用地等填海工程和挖掘工程等，带来滩涂、红树林等重点生态功能单元面积减少、退化、海防林断带等生态问题（王辰良子和王树文，2010），沿海生境破碎化加剧和生物多样性降低。在北部湾经济区生态敏感性岸线空间分布图上叠加区域主要产业集聚区及规划港口岸线，岸线开发的适宜性分析见表9-5。具体的调整要求如下：北部湾经济区内各市县的港口规划岸线都存在与生态敏感岸线中禁止开发岸线和旅游岸线、增殖区岸线等限制开发岸线相重叠或冲突的现象（共约80km），区域港口规划岸线规模过大，应对其规模进行控制。北部湾经济区各市县的港口规划岸线都存在与生态敏感性岸线相重叠或冲突的现象，其中东部共约有32.4km，占北部湾经济区80km长的重叠或冲突岸线的40%；西部共约有28.3km，占35%；南部共约有19.7km，占25%。

表9-5　北部湾经济区港口岸线开发的生态适宜性分析

岸线名称		生态敏感性岸线分布	规划港口岸线规模的生态适宜性分析
东部	茂名	禁止开发岸线主要分布在水东湾内湾、博贺镇北部湾内，大放鸡岛、小放鸡岛； 限制开发岸线主要分布在电白县东南部沿岸	约11.2km长的规划港口岸线与电白县东南部沿岸的限制开发岸线重叠，相关港口规划应核实调整
	湛江	禁止开发岸线主要分布在湛江港北部、特呈岛、东海岛西岸及其对岸、东里镇–外罗镇沿岸、新寮岛西岸、大黄乡沿岸、角尾乡–覃斗镇沿岸、乌石镇~企水镇沿岸、下六镇–营仔镇沿岸、车板镇–高桥镇沿岸； 限制开发岸线主要分布在东海岛东部，雷州半岛的东北及西南的养殖区、增殖区岸线	约21.2km长的规划港口岸线与角尾乡–覃斗镇、下六镇–营仔镇沿岸的禁止开发岸线，乌石镇–覃斗镇敏感性岸线重叠，相关港口规划应核实调整
西部	北海	禁止开发岸线主要分布在山口镇–沙田镇沿岸、铁山港北部沿岸、银海区南部部分红树林沿岸、海城区南部沿岸、北海银滩风景旅游区、南流江河口沿岸； 限制开发岸线主要分布在北海市北部旅游度假区和银海区南部增殖区岸线	部分规划港口岸线与铁山港北部禁止开发岸线、银海区南部的限制开发岸线重叠（约3.3km）或很接近，相关港口规划应核实调整

岸线名称		生态敏感性岸线分布	规划港口岸线规模的生态适宜性分析
西部	钦州	禁止开发岸线主要分布在七十二泾风景旅游区（红树林）、茅尾海部分红树林沿岸；一般限制开发岸线主要分布在三娘湾沿岸度假旅游区和养殖区沿岸、茅尾海部分养殖区沿岸	约15km长的规划港口岸线与三娘湾沿岸限制开发岸线重叠，相关港口规划应核实调整
	防城港	禁止开发岸线主要分布在南部沿岸、白龙半岛东部部分岸线、北仑河口沿岸；限制开发岸线主要分布在渔州坪的部分岸线、防城区东部的养殖与增殖区岸线	约10km长的规划港口岸线涉及北仑河口自然保护区禁止开发岸线
南部	海口	禁止开发岸线主要分布在海口东、西海岸滨海旅游区	约1.3km长规划港口岸线与海口西海岸滨海旅游区的禁止开发岸线重叠，相关港口规划应核实调整
	澄迈	禁止开发岸线主要分布在花场港一带；限制开发岸线主要分布在澄迈湾马岛沿岸	约5km长规划港口岸线与澄迈湾马岛沿岸的限制开发岸线重叠，相关港口规划应核实调整
	临高	禁止开发岸线主要分布在白蝶贝保护区临高县沿岸	约2.3km长规划港口岸线与临高白蝶贝保护区的限制开发岸线重叠，相关港口规划应核实调整
	儋州	禁止开发岸线主要分布在白蝶贝保护区儋州市沿岸、新英湾部分沿岸	约2.6km长规划港口岸线与白蝶贝保护区岸线重叠，相关港口规划应核实调整
	昌江	禁止开发岸线主要分布在昌江县北部大部分沿岸；限制开发岸线主要分布在昌江县南部沿岸	约4.5km长规划港口岸线与昌江县北部沿岸的禁止开发岸线重叠，相关港口规划应核实调整
	东方	限制开发岸线主要分布在八所镇北部沿岸和南部的小部分养殖区沿岸	约2.8km长规划港口岸线与八所镇北部和南部的限制开发岸线重叠，相关港口规划应核实调整
	乐东	限制开发岸线主要分布在白沙港北部沿岸	约1.2km长规划港口岸线与沙港北部沿岸的一般限制开发岸线重叠，相关港口规划应核实调整

9.2 围填海对沿海滩涂的影响

滩涂资源变化趋势分析主要是根据规划的填海对滩涂资源的利用空间数字分析，在对已收集的海洋功能区划和相关的填海规划图件进行空间配准后，进行填海区域数字化与空间分析（图9-3），填海工程具体规模与数据来源见表9-6与表9-7。

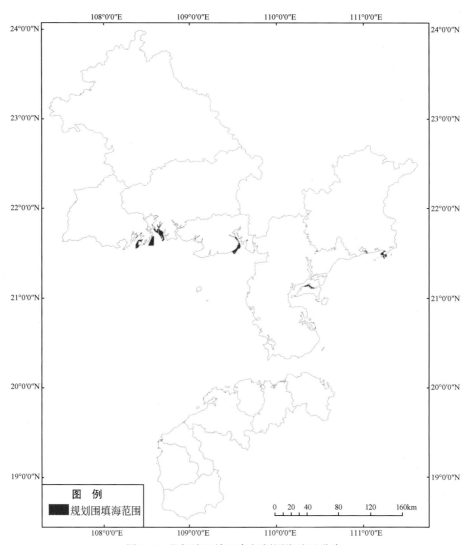

图9-3 北部湾经济区各规划围海造地分布

制图单位：环境保护部华南环境科学研究所 制图时间：2013 年 11 月

表 9-6   北部湾经济区各市县海洋功能区划及其他规划中填海统计   （单位：hm²）

地区	填海区域名称	数据来源	面积
北海市	铁山港大型工业开发区填海区	广西区海洋功能区划	3812
	铁山港工业区填海区	铁山港工业区规划	4192
防城港市	企沙半岛临港工业填海区	防城港海洋功能区划	2944
	防城港石油化工填海区	防城港海洋功能区划	5223
	公车镇工业建设填海区	防城港海洋功能区划	153
	白龙核电厂填海区	防城港海洋功能区划	38
	光坡镇工业填海区	防城港海洋功能区划	259
	企沙镇工业填海区	防城港海洋功能区划	67
	防城港城镇建设填海区	防城港海洋功能区划	203
	防城港钢铁基地填海区	防城港钢铁基地规划	992
钦州市	钦州填海造地区	钦州海洋功能区划	1859
	钦州港工业区填海区	钦州港工业区概念规划	7009
湛江市	东海岛石化产业园区填海	东海岛石化产业园区规划	1858
茂名市	北山岭港区填海区	茂名港北山岭港区规划	2385
	水东港区填海区	茂名港水东港区规划	471
儋州市	洋浦经济开发区 LNG 填海区	洋浦经济开发区总体规划	43
	洋浦经济开发区化学物流用地区块		52

表 9-7   北部湾经济区各片区的海洋功能区划中的填海统计   （单位：hm²）

地区	海洋功能区划中填海面积	其他规划中填海面积	扣除重复及已填海区域后实际总填海面积
湛江市	—	1 858	1 856
茂名市	—	2 856	2 671
东部	—	4 714	4 526
北海市	3 812	4 192	5 182
防城港市	8 888	992	8 851
钦州市	1 859	7 009	6 507
西部	14 559	12 193	20 541
儋州市	—	95	91
南部	—	95	91
北部湾经济区	14 559	17 002	25 158

因已收集海洋功能区划、相关的填海规划中关于填海的范围会出现重叠现象，且部分规划的填海区中已出现填海，所以需对三者进行空间分析，获取各市县及各片区最终的规划填海面积（表9-7）。区域填海造地利用滩涂的方案主要出现在湛江市、茂名市、防城港市、钦州市、北海市。由表9-7可知北部湾经济区主要填海利用滩涂的面积，其中西部主要填海面积约占北部湾经济区的82%，是北部湾经济区的填海工程较多的区域。根据2002年正式实施的《中华人民共和国海域使用管理法》规定，海域属于国家所有，单位和个人使用海域，必须依法取得海域使用权，海域使用必须符合海洋功能区划。根据表9-6和表9-7，其中海洋功能区划的14 559hm^{2}填海面积，其他规划中的17 002hm^{2}填海面积中约有与海洋功能区划的6403hm^{2}相重叠符合，目前北部湾经济区填海较大的钦州港区域、铁山港区域已分别完成相应建设用海规划的审批与评审。

利用填海占用滩涂面积与相应的行政区滩涂面积的比值表征区域海岸线资源利用压力。填海利用压力由高到低依次为钦州市、防城港市、北海市和湛江市。西部整体的填海利用滩涂的压力高于北部湾平均值，滩涂利用压力较高，其中钦州市填海利用滩涂的压力最高。东部茂名市因滩涂面积较小，其填海利用压力相对较高，东部整体的填海利用滩涂的压力小于北部湾平均值（表9-8）。

表9-8 区域主要市县滩涂利用压力分析

地区	海洋功能区划中填海利用滩涂压力	其他规划中填海利用滩涂压力	扣除重复区域综合利用滩涂面积压力
北海市	0.066	0.066	0.080
防城港市	0.093	0.009	0.095
钦州市	0.079	0.173	0.173
西部	0.076	0.071	0.101
湛江	—	0.014	0.014
茂名	—	0.209	0.209
东部	—	0.027	0.027
儋州市	—	0.010	0.010
南部	—	0.010	0.010
北部湾经济区	0.033	0.044	0.057

填海利用压力由高到低依次为钦州市、防城港市、北海市和湛江市。西部整体的填海利用滩涂的压力高于北部湾平均值，滩涂利用压力较高，其中钦州市填海利用滩涂的压力最高。东部茂名市因滩涂面积较小，其填海利用压力相对较高，东部整体的填海利用滩涂的压力小于北部湾平均值（表9-9）。

表 9-9　北部湾经济区主要填海利用滩涂资源类型　　　　（单位：hm²）

填海类型	地区	沙滩	沙砾滩	岩滩	珊瑚滩	淤泥滩	沙泥滩	红树林滩	合计
海洋功能区划中填海利用滩涂	湛江市	—	—	—	—	—	—	—	—
	茂名市	—	—	—	—	—	—	—	—
	东部	—	—	—	—	—	—	—	—
	北海市	2 171	0	0	0	507	411	0	3 089
	防城港市	896	0	27	33	0	973	239	2 169
	钦州市	223	0	0	25	1 039	0	0	1 288
	西部	3 290	0	27	59	1 546	1 384	239	6 546
	北部湾	3 290	0	27	59	1 546	1 384	239	6 546
其他规划中填海利用滩涂	湛江市	152	0	0	0	989	0	0	1 141
	茂名市	155	0	0	0	1106	0	0	1 261
	东部	307	0	0	0	2 095	0	0	2 402
	北海市	2 450	0	0	0	164	477	0	3 091
	防城港市	175	0	38	0	0	0	0	213
	钦州市	281	0	0	52	2 496	0	0	2 828
	西部	2 906	0	38	52	2 660	477	0	6 132
	北部湾	3 213	0	38	52	4 755	477	0	8 534
扣除重复区域综合利用滩涂	湛江市	152	0	0	0	989	0	0	1 141
	茂名市	155	0	0	0	1106	0	0	1 261
	东部	307	0	0	0	2 095	0	0	2 402
	北海市	2 693	0	0	0	533	477	0	3 703
	防城港市	916	0	38	33	0	973	239	2 200
	钦州市	281	0	0	52	2 496	0	0	2 828
	西部	3 889	0	38	85	3 029	1 450	239	8 731
	北部湾	4 196	0	38	85	5 124	1 450	239	11 133

9.3　海岸线利用对生态环境的影响

9.3.1　海岸线利用工程对生态环境的影响

　　海岸线利用工程主要包括港口、码头与围填海工程，这些工程对海洋环境的主要影响为工程产生的悬浮沙及海床变化（贾光风，2015）。工程项目在填海造地、护岸与防波堤的爆破挤淤等施工过程中，不仅增加了水体中悬浮物的浓度，同时改变了当地的海岸形状，进而影响和改变了当地的水动力条件。

工程引起的海床冲淤作用中，对海洋生态环境影响最为显著和直接的是悬沙的影响。悬沙将导致海水浑浊度增大，透明度降低，不利于浮游植物的繁殖生长。此外，对浮游动物的生长率、摄食率等造成影响。悬浮颗粒将直接影响海洋生物仔幼体的胚胎发育，并对其造成伤害。一般来说，仔幼体对悬浮物浓度的忍受限度比成鱼低得多。海水中悬浮物对虾、蟹类的影响较小，但在许多方面对鱼类会产生不同的影响。首先是悬浮微粒过多时，不利于天然饵料的繁殖生长；其次，水中大量存在的悬浮物微粒会随鱼呼吸动作进入其鳃部，损伤鳃组织，隔断气体交换，影响鱼类的存活和生长。

虽然悬浮沙对游泳生物的影响较小，但悬浮沙影响海洋的透明度和光合作用，降低了海域的初级生产力，对鱼卵、仔鱼、仔虾、浮游生物及其他游泳生物的幼体等产生明显的伤害，造成资源减产，从而影响了中华白海豚的食物资源，有可能迫使中华白海豚寻觅新的栖息地。

9.3.2 海岸线利用对生态环境的长期影响

北部湾岸线地区港湾众多，建港条件良好，是人口密度最高，经济开发活动最频繁的区域。由于临海产业带、交通网络、水工工程和城镇化等大规模海岸线利用，近海海域生态环境已受到不同程度的影响，尤其是海岸线一些无序无度的开发利用，使北部湾沿海地区天然岸线和滩涂开发利用将逐年增大，填海造陆和港口航道工程建设等必将带来沿海滩涂湿地重要生态功能单元面积减少、生境退化，局部沙质岸线受到侵蚀，自然岸线人工化，生境缩小和破碎化程度加剧。在缺乏合理规划和完善的保护措施情况下，将使大型海藻床和天然红树林面积逐步缩小，珊瑚礁的覆盖度和健康度进一步下降；同时由于生境的压缩和受到的干扰，北部湾的珍稀保护动物，如中华白海豚、儒艮、白碟贝、文昌鱼等种群健康受到更大威胁。例如，文昌鱼广泛分布在北部湾的沙质海滩，沿海地区天然岸线和滩涂开发利用将直接造成文昌鱼的生物量损失；涠洲岛的油库、输油管线等建设，将对环涠洲岛的珊瑚礁造成一定破坏，特别是当发生海底管道破裂、海上溢油的风险事故时，对珊瑚礁的生态系统将带来毁灭性灾难；海草床是儒艮的最重要生境系统，近年来儒艮保护区的海草床破坏严重，随着铁山港工业区的进一步发展，如果不采取积极的保护措施，海草床将进一步破碎化，儒艮将走向彻底灭绝。

9.3.3 生态海岸建设工程

为预防与减缓海岸线利用对生态环境的影响，结合区域自然环境资源现状和发展趋势，提出生态海岸的建设工程。通过综合治理手段，形成绿化带、红树林景观区、观光水道、湿地、滩涂自然景观区、观光平台区、中华白海豚、海龟自然保护区等海岸滩涂绿色景观旅游区；通过海岸带生态与景观环境建设，体现海岸线的亲水性，创造与产业发展相适应的滨海环境。严格限制围海造地和围塘养殖，以保持其潮流通道已处于基本平衡状态的海洋动力场态势。对现有海水养殖进行科学规划、合理布局，尽快清除妨碍航道、违规插养及不符合规划布局的养殖场（户）。

9.4　重点产业发展对陆地生态系统的整体影响

根据对北部湾经济区发展定位和区域特点，以及重点产业的生态环境影响特征和发展趋势进行分析，筛选出现状和未来对陆地生态有潜在影响的产业为：港口码头交通物流等基础设施建设、生物能源产业及食品加工业（制糖业）、矿山开采业、林浆纸一体化（造纸）产业、石化产业、钢铁产业。

上述产业中，林浆纸一体化产业涉及大面积的原料林基地，经营期可长达 20 ~ 30 年，对区域生态系统的完整性和稳定性、结构功能、生物多样性、植被生物量和生产力降低等方面产生中长期的累积生态风险；港口码头交通物流等基础设施建设、生物能源产业及食品加工业（制糖业）、矿山开采业等产业主要带来土地资源的占用、地表的破坏、景观破碎化、局部土壤污染累积等生态影响，所产生的中长期的累积生态风险不明显。石油化工和钢铁产业主要对工业区周边的局部地区造成生态影响。

9.4.1　基础设施建设对陆地生态系统影响分析

港口规划实施中的占地和施工均会对陆域生态系统造成一定的影响，规划实施前所在地一般为滩涂湿地、农田、林地及居民用地，规划实施后的土地利用格局将发生根本变化，由农田、滩涂转变为工业建设用地，景观类型由滨江自然生态系统转化为城市生态系统。原有的潮间带生物由于围垦造陆而死亡，导致植被覆盖率及生物多样性的降低。

另外，港口建设附带工程滨海公路及铁路建设过程中的大量占地、土石方开挖等将会对土壤、植被、生物生境造成较大破坏；建成后又以其"大体量的纯人工带形构筑物"的特征形成区域景观生态系统中新的景观结构要素——道路廊道，从而使得区域景观生态系统的空间格局发生重构。此外，通过对道路两侧斑块间的生态流阻隔而改变区域生态系统的功能状况。

9.4.2　矿山开发对陆地生态系统影响分析

北部湾经济区内矿山开发主要为海南昌江铁矿一处，矿山的开采使当地生态系统的类型发生转变，由原有的自然次生植被生态系统转变为工矿-人工林复合生态系统，使原有植被消失，本土动物迁移，原有生态系统生物多样性降低。由于地表的裸露，土质的疏松，地表蒸发量加大，蒸发速率加快，土壤保水能力下降，地表温度上升，对植被的自然恢复不利。

水土流失是矿山开采带来的除植被破坏之外的另一个重要的生态影响，筑路、采矿、排土改变山体坡度，陡坡增加易引发山体滑坡和小范围的泥石流；矿山开采致使土壤结构的变化，大量的心土将裸露，排土场土质疏松，表土有机质含量下降，土层结构发生显著改变。

9.4.3　石化钢铁产业生态系统影响分析

从生态适宜性的角度来看，除湛江东海岛石化钢铁基地位于生态中度敏感区以外，其他 7 个石化和钢铁基地基本都位于生态弱敏感区。

从土地占用方式来看，石化和钢铁基地主要布局在已规划的工业集中区内，不会对耕地造成大规模占用，但东海岛石化钢铁基地将会占用一定量的耕地。

从土壤生态系统与水土保持角度来看，石化钢铁基地将造成周边区域土壤重金属和有机物污染的风险。石化钢铁基地均布局在地势平坦地区，将不会产生明显的水土流失。

从生物多样性和地表植被来看，基地建设将对原有的植被和自然景观造成一定的破坏，但周边区域为已开发的工厂和村镇，没有陆地野生动物保护区，没有受特殊保护的动物，一般的陆生动物会迁徙到周边的地域，并不会造成物种的灭绝和物种数量的显著下降，其影响是暂时的。

9.4.4　生物质能及制糖产业对陆地生态系统影响分析

随着非粮乙醇的广泛应用，北部湾经济区生物质能产业进程逐渐加快，制糖产业也发展迅速。在高方案情景下，2015 年乙醇燃料和制糖产业规模分别达到 113 万 t 和 432 万 t，中方案则分别为 93 万 t 和 422 万 t，低方案与中方案产业规模相同。

木薯作为生物质能产业的主要原料，其种植产生的主要生态影响有如下方面。

1）耗水。按现有的生产水平，每生产 1t 乙醇需要消耗 16t 水，即使采用新技术，消耗水也在 10t 左右。即使北部湾经济区较我国其他区域水量充沛，非粮乙醇对水资源的过度掠夺将会加大经济区内用水压力。

2）水土流失。由于木薯根系发达，收获后的木薯地表面较疏松。而木薯收获季节为秋冬时节，气候干燥，起风天较多，易产生扬尘，一旦下雨，木薯收获后的坡地也会造成水土流失。部分甘蔗种植在坡度较高的山区，在轮作过程中，致使山坡表层土壤松散，易造成水土流失。

3）土壤肥力的降低。木薯具有良好的生物学特性，吸肥力强，需肥量大。长期单一种植木薯，将会消耗较多的土壤肥力，造成土壤的进一步贫瘠。据分析，生产 1t 鲜薯要吸收 8.20kg 纯氮、1.47kg P_2O_5、13.14kg K_2O。因此，在木薯的主产区，必须提高土壤的肥力，才能确保木薯产业的可持续发展。而甘蔗种植在土壤中吸收的营养元素达 19 种之多，1t 甘蔗消耗纯氮 2kg、纯磷 1.5kg、纯钾 2.5kg、钙 0.7kg、镁 0.7kg、硅 0.5kg、硫 0.4kg，这些元素不能相互替代，缺一不可。然而蔗农施肥过程中全凭经验，重氮轻钾，导致土壤板结、酸化、保墒能力下降。

4）耕地资源的占用。根据调查，目前种植木薯主要作为工业原料，规模不是很大，主要分布在海南和广西地区，大部分利用坡耕地、荒地及产量低的经济农作物转化用地。随着湛江、广西、海南地区生物乙醇项目的规划建设，木薯作为原料来源，将需求大面积的木薯种植基地，预计 2020 年北部湾区域内规划木薯基地约为 84 万 hm^2，约占耕地面积的 31%，种植用地方式的改变将带来热带、亚热带地区其他经济作物用地减少，对耕地的用地方式和农业结构产生一定的影响。

9.4.5 林浆纸产业对陆地生态系统影响分析

浆纸林基地建设对评价区域各土地利用类型比例影响不大。原有林地在桉树成林后仍为有林地，面积较大的疏林地、灌草地将转化为有林地或旱地转化为有林地。除整地清理过程中各土地利用类型在短期内造成暂时的植被损失外，在浆纸林种植后，基地内植被覆盖率将有所增加，初步估算按规划最大规模建设浆纸林，远期北部湾经济区森林覆盖率约增加 5.2%。

根据文献资料，研究人员普遍认为桉树林地土壤会发生退化，如我国广东、海南、广西、云南、四川、福建等地均有大面积桉树林地发生土壤退化，国外也发现桉树林地土壤退化的现象。一般表现在如下方面：①土壤剖面形态退化，如雷州半岛种植几十年桉树后，林地土壤剖面难于区分 A 层和 B 层，原生 A 层变薄甚至消失；②土壤物理性质退化，如水分状况恶化，黏粒下移，表层沙化，团粒结构变差，表层趋向紧实；③土壤化学性质退化，如土壤酸化和养分贫瘠化；④土壤生物性质退化，如桉树林地土壤微生物数量和酶活性与其他林型比较有所下降。

桉树人工林对植被生态度影响主要为植被群落等生物多样性的变化，以及生物量和生长量的变化。生物多样性的变化与立地条件及土壤环境的变化密切相关。研究资料表明，桉树林会带来生物多样性的降低。一方面，土壤环境的改变使林内原有动、植物和微生物的生境遭受干扰；另一方面，桉树林种植后由于其生长特性，林下喜阳植被有所减少，群落结构趋于简单，系统的自我调节和保护功能有所变化。而桉树林生物量和生长量一般会高于周边的人工林（当然与所在区域天然林、次生林相比，则普遍较低）

除两栖类外，桉树林基地建设将对其他种类动物的栖息地、觅食地的影响较大，如对鸟类的筑巢毁坏，昆虫食物来源的减少，觅食区域的缩小等。

调查表明，由于桉树林地所在区域一般人为活动较为频繁，林地内动物种类多为小型动物，桉树林的日常种植经营管理将对其活动范围、栖息环境产生干扰，在局部区域内减少原有野生动物的觅食、活动范围，迫使其转移迁徙至造林地周边区域。桉树对动物生态影响主要表现在：林地内物种多样性有所改变。其中两栖类动物由于可及时避入邻近水域所受影响较小；爬行类动物受其行为特征限制，栖息地要求较为严格，觅食范围相对较小，在整地、造林及采伐过程中受到一定干扰；鸟类栖息及觅食场所变化空间大，受基地建设影响较大，但恢复亦快；中小型兽类由于觅食地的周期性破坏，会在干扰过程中迁至邻近其他林地，影响不大。总体而言，由于桉树林为斑块种植，在避免联片大面积种植情况下，对区域动物多样性的影响不会不大。

9.5 重点产业的土地利用效率

9.5.1 北部湾重点产业及其产业用地

目前，北部湾经济区的主导产业有石油加工、农副食品加工、能源、化工、建材、造纸、铝工业、纺织等产业，重化工业的比例较少。北部湾经济区处于工业化起步阶段，但即将进入起飞阶段，加强资源密集型和劳动力密集型的重化工业发展是促进北部湾经济区工业化进程的主要途径。北部湾经济区今后发展的重点产业分别为钢铁工业、石化工业、林浆纸一体化、铝工业、能源工业（火电、核电）、装备修造业（船舶修造和汽车制造）、建材业（水泥和玻璃）等。可以看出，北部湾经济区重点产业是以基于石油、化工、金属、造纸、装备制造和能源等重工业为主。高新技术产业作为未来产业发展重要方向，对区域经济的贡献程度将越发突出，在产业用地分析时也应重点考虑。根据重点产业的识别，重点产业用地识别结果见表 9-10。

表 9-10 北部湾经济区重点产业用地类型

石油加工及炼焦业用地	造纸业用地
黑色金属冶炼及压延加工工业用地	金属制品业用地
通用设备制造业用地	专用设备制造业用地
医药制造业用地	农副食品加工业用地
电力热力的生产与供应业用地	交通运输设备制造业用地
通信设备、计算机及其他电子设备制造用地	

9.5.2 北部湾重点产业集聚区

目前北部湾经济区共有产业集聚区 40 个，其中国家级工业区 8 个，省级工业区 32 个。集聚区中经国家发展和改革委员会、国土资源部和建设部审核的有 32 个，未批准的有 8 个。2007 年，集聚区工业总产值为 2558.75 亿元，占北部湾经济区工业总产值的 66.54%，其中南宁高新技术产业开发区、茂名石化工业区、洋浦经济技术开发区、海南国际科技工业园、海南海口保税区等产业集聚区发展态势良好，2007 年工业总产值超过百亿元。随着产业集聚区的快速发展，工业项目向园区聚集的趋势明显增强。以工业园区为产业发展的重要载体，区域工业布局得到进一步优化，产业发展的集聚性增强。受发展阶段的限制，区域内产业集聚区很多为综合性园区，主导产业不明显，特色不够鲜明。部分产业集聚区企业关联度低，产业布局零散，难以形成能够带动区域经济发展的产业集群。

围绕港口构建新的工业园区，发展临港经济和临水经济成为北部湾经济区发展的重要途径。既有的工业园区中，国家级开发区有 8 个，省级开发区有 32 个。这些工业园区是产业发展的主要承载空间，多数产业集聚区处于起步阶段，部分产业集聚区已形成一定规模。目前，北部湾经济区的新建工业园区主要分布在沿海地区，以港口为依托，积极发展"大进大出"和"两头在外"的临港工业。典型的集聚区有防城港企沙工业区、北海铁山港工业区、钦州港工业区、南宁江南铝工业园、湛江经济技术开发区东海岛新区、茂名石化工业区、洋浦经济技术开发区、东方化工园区，分别成为各地区产业布局和发展的主要承载区域。这些新兴沿海产业集聚区重点发展钢铁工业、石油化工、林浆纸一体化、天然气化工、能源工业（火电和核电）、铝工业、生物化工和船舶修造业，但各有侧重。这些产业集聚区成为北部湾经济区发展的新经济增长点，并沿海岸线形成新的沿海经济带，成为支撑北部湾经济区打造"西部大开发新的战略高地"的主要依托力量。

目前，北部湾经济区重点产业用地是依托城市，以国家级开发区和省级开发区为主体而形成的点状布局，如图9-4所示。

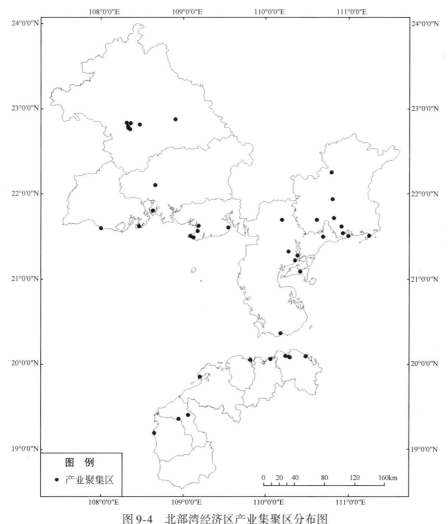

图9-4 北部湾经济区产业集聚区分布图

制图单位：环境保护部华南环境科学研究所 制图时间：2013年3月

北部湾经济区重点产业用地指标值分为控制值、推荐值。控制值指标指各级国土资源管理部门要严格执行《工业项目建设用地控制指标》与相关工程项目的建设用地指标，作为产业用地的控制底限；推荐值采用《广州市产业用地指南》中相关产业指标，反映国内沿海地区各产业的先进用地水平，作为沿海地区重点产业集聚区的导向性指标。具体过程如下。

（1）容积率指标确定

控制值采用《工业项目建设用地控制指标》（国土资发〔2008〕24号）；推荐值采用《广州市产业用地指南》（2009）中的第三类地区标准（表9-11）。

表9-11　北部湾经济区重点产业用地容积率

重点产业名称	控制值	推荐值
石油加工炼焦业	≥0.5	—
黑色金属冶炼及压延加工业	≥0.6	≥0.75
电力热力的生产和供应业	—	—
农副食品加工业	≥1.0	≥1.0
造纸业	≥0.8	≥0.8
金属制品业	≥0.7	≥0.7
通用设备制造业	≥0.7	≥0.85
专用设备制造业	≥0.7	≥0.7
交通运输设备制造业	≥0.7	≥1.05
医药制造业	≥0.7	≥0.7
通信设备、计算机及其他电子设备制造	≥1.0	—

（2）单位土地固定资产投资指标确定

虽然北部湾经济区沿海大部分处于第四、第五类地区，但考虑到北部湾经济区为未来重点发展区域，控制值采用《工业项目建设用地控制指标》（国土资发〔2008〕24号）中的第四类地区标准；推荐值采用《广州市产业用地指南》（2009）中的第三类地区标准（包含《工业项目建设用地控制指标》中第四类地区）（表9-12）。

表9-12　北部湾经济区重点产业用地单位土地固定资产投资　（单位：万元/hm²）

重点产业名称	控制值	推荐值
石油加工炼焦业	≥1035	—
黑色金属冶炼及压延加工业	≥1245	≥1900
电力热力的生产和供应业	—	—
农副食品加工业	≥780	≥1200
造纸业	≥780	≥2100
金属制品业	≥1035	≥1600
通用设备制造业	≥1245	≥1900

重点产业名称	控制值	推荐值
专用设备制造业	≥1245	≥1900
交通运输设备制造业	≥1555	—
医药制造业	≥1555	≥2600
通信设备、计算机及其他电子设备制造	≥1760	≥2800

（3）建筑密度指标确定

根据《工业项目建设用地控制指标》（国土资发〔2008〕24号）和《广州市产业用地指南》（2009）规定，建筑系数应不低于30%。

（4）行政办公及生活服务设施用地所占比例

根据《工业项目建设用地控制指标》（国土资发〔2008〕24号）和《广州市产业用地指南》（2009）规定，工业项目所需行政办公及生活服务设施用地面积不得超过工业项目总用地面积的7%。

（5）北部湾经济区主要产业集聚区用地效率现状

根据北部湾经济区各主要产业集聚区的批复面积及2007年的工业总产值，计算单位面积工业产值，对各产业集聚区的土地资源利用效率进行评估，具体见表9-13。

表9-13 北部湾经济区各产业集聚区工业总产值与单位面积的工业总产值

集聚区名称	批准机关	批复时间/年	批复面积/hm²	主导产业	工业总产值/亿元	单位面积工业总产值/(亿元/km²)
南宁高新技术产业开发区	国务院	1992	850.00	生物及医药、电子信息、先进制造技术设备	270.41	31.81
南宁经济技术开发区	国务院	2001	1079.60	电子、通信电缆、精细化工、制药	50.74	4.70
南宁–东盟经济开发区	自治区政府	1990	312.90	医药、农副产品加工	22.24	7.11
广西良庆经济开发区	自治区政府	2006	262.72	食品、建材、有色金属深加工	51.98	19.79
南宁六景工业园区	自治区政府	2002	168.04	制药、农产品加工、钢结构产品	7.94	4.73
南宁仙葫经济开发区	自治区政府	2001	1130.52	印刷、食品精细加工	4.47	0.40
南宁江南工业园区	自治区政府	2006	512.00	铝材加工、水泥制品、剑麻纺	13.52	2.64
广西北海高新技术产业园区	自治区政府	2006	120.34	海产品深加工、感光材料、轻工机械	35.12	29.18
广西北海出口加工区	国务院	2003	145.40	电子信息、精密机械、生物制药、精细化工、新型建材	8.16	5.61

集聚区名称	批准机关	批复时间/年	批复面积/hm²	主导产业	工业总产值/亿元	单位面积工业总产值/(亿元/km²)
广西北海工业园区	自治区政府	2003	1938.10	机械制造、轻工	43.58	2.25
广西合浦工业园区	自治区政府	1992	612.140	制革、饲料、变性淀粉	16.80	2.74
广西钦州港经济开发区	自治区政府	1996	1000.00	石化、磷化工	8.39	0.84
钦州市河东工业园区	自治区	2007	3000.00	电子信息	0.60	0.02
东兴镇边境经济合作区	国务院	1992	407.00	边境贸易、产品进出口加工、边境旅游	6.53	1.61
广东省茂名石化产业园区	广东省政府	2003	1350.00	石油化工	759.18	56.24
广东茂名茂南经济开发区	广东省政府	1992	1000.00	饲料、石油化工	6.78	0.68
广东高州金山经济开发区	广东省政府	1993	321.26	皮革制品、铸造、工艺品加工	7.52	2.34
广东化州鉴江经济开发区	广东省政府	1993	500.00	家具、服装、皮革制	8.30	1.66
广东茂名茂港经济开发区	广东省政府	1992	600.00	精细化工、机械、电子	16.48	2.75
广东信宜经济开发区	广东省政府	1992	93.80	电子、玉器、毛纺	4.42	4.71
湛江经济技术开发区	国务院	2006	1920.00	特种纸业、电子电器、通讯器材、生物医药、建筑机具、石油化工、造船、钢铁下游工业	59.50	3.10
广东湛江东海岛经济开发区	广东省政府	1992	1603.00	有色金属加工、家用电器、水产品加工	14.90	0.93
广东徐闻经济开发区	广东省政府	1992	942.00	食品、电子、塑料制品	2.21	0.23
广东廉江经济开发区	广东省政府	1996	830.00	家用电器、机械、饲料	24.10	2.90
广东吴川经济开发	广东省政府	1997	860.00	机械、塑料制品、水产品加工	8.10	0.94
广东湛江麻章经济开发区	广东省政府	1997	886.11	水产品加工、电子、医药	50.50	5.70
海南国际科技工业园	国务院	1991	277.00	生物医药、微电子、光机电一体	37.03	13.37
海南海口保税区	国务院	1992	193.00	生物制药、汽车制造、电子信息和机电加工	133.45	69.15
海口桂林洋经济开发区	海南省政府	1991	1260.00	摩托车制造、制药业、水产加工业	16.90	1.34

续表

集聚区名称	批准机关	批复时间/年	批复面积/hm²	主导产业	工业总产值/亿元	单位面积工业总产值/(亿元/km²)
金盘工业区	—	1988	306.00	汽车、电子、制药、纺织、建材、家具、仪器、饮料及珠宝加工	30.00	9.80
海南老城经济开发区	海南省政府	2006	3688.00	电力、石油、化工、玻璃深加工、建材、制药、食品、纺织、饲料、机电	90.32	2.45
临高金牌港经济开发区	海南省政府	1994	1000.00	化工、电子、水产品深加工	5.56	0.56
洋浦经济开发区	国务院	1992	3000.00	油气化工、林浆	417.40	13.91
昌江循环经济开发区	省级	2003	3500.00	资源工业,以钢铁建材和循环工业	32.21	0.92
东方工业区	海南省政府	—	2960.00	天然气化工、水力发电、风力发电(25 万 kW)农产品加工	50.00	1.69

北部湾经济区各产业集聚区的土地利用效率差异大,土地利用效率具有较大的提升空间。统计的 35 个产业集聚区中的 28 个的单位面积工业产值为 5.99 亿元/km²,不足 10 亿/km²,远低于"十五"期末国家开发区单位面积工业用地工业产值 39.56 亿元/km²("十一五"目标为 63 亿元/km²)水平;在 2000 年后批复的 12 个产业集聚区中,土地利用效率低于区域平均值的产业集聚区约占三分之二。其中海南省海口保税区(1992 年批复)、广东省茂名石化产业园区(2003 年批复,其中茂名石化于 1961 年投产)、南宁市高新技术开发区(1992 年批复)和广西北海高新技术产业园区(2006 年批复)的土地利用效率最高,分别为 69.15 亿/km²、56.24 亿/km²、31.81 亿/km² 和 29.18 亿/km²;4 个园区主要产业类型分别为生物制药/汽车制造/电子信息/机电加工、石油化工、生物制药/电子信息/先进设备制造、深海产品加工/感光材料/轻工机械。可见,具有技术含量高、集约用地水平高的产业是高土地利用效率的前提条件,并且大部分土地利用效率较高的产业集聚区批复时间或建设时间较早。广西钦州港开发区、东方工业区和湛江经济技术开发区等类似产业结构的产业集聚区土地利用效率相对较低,分别为 0.84/km²、1.69/km² 和 3.10/km²;这些产业集聚区的土地利用效率具有较大的提升空间。

9.6 重点产业发展的生态适宜性评价

9.6.1 基于生态岸线的重点产业发展的生态适宜性评价

根据产业集聚区占用生态敏感岸线和影响生态敏感海域的程度,得近岸海域与岸线利用的生态适宜性如下，企沙工业区、茂名乙烯区片区、东方化工区、博贺新港区为适宜性好；洋浦开发区、东海岛开发区（石化区和钢铁区）为适宜性较好；钦州港开发区、北海市区近郊工业园区、东海岛开发区（南侧近岸）、澄迈老城开发区、铁山港开发区、东海岛开发区（其他）为适宜性一般；临高金牌港开发区、湛江临港开发区为适宜性较差。沿海产业集聚区近岸海域的生态适宜性总体较好，但个别适宜性较差（表9-14）。

表9-14 产业集聚区岸线与近岸海域生态敏感程度与适宜性

序号	重点产业集聚区	片区	排污区海域	占用生态敏感岸线情况和生态敏感海域影响评估	海洋生态适宜性
1	企沙工业区	西部	防城港湾外	为可利用岸线，拟纳污海域非生态敏感海域，纳污水域为法定排污区，距离海洋生态敏感目标超过10km	好
2	钦州港开发区	西部	钦州湾	主要为可利用岸线。西面临近茅尾海省级红树林国家级自然保护区和七十二泾风景名胜区和南海近江牡蛎种子资源库，有赤潮发生，两个排污区为法定排污区，纳污海域非生态敏感海域，但排污可能对茅尾海和湾口东南外的中华白海豚密集区有生态风险影响，金鼓江排污区距离茅尾海红树林保护区约5km，三墩排污区紧邻三娘湾海豚密集区	一般
3	北海市近郊工业区	西部	廉州湾	为可利用岸线。拟纳污海域非生态敏感海域，纳污水域为法定排污区，但排污区位于二长棘鲷种质资源保护实验区内	一般
4	铁山港开发区	西部	铁山港	为可利用岸线。东面距离山口红树林国家级自然保护区4.5km，距离合浦儒艮国家级自然保护区4.1km，西南部紧邻方格星虫保护区和二长棘鲷种质资源保护实验区，重化项目排污对国家级自然保护区的生态风险较高	较差
5	澄迈老城开发区	南部	澄迈湾	大多为可利用岸线。拟纳污海域非生态敏感海域，但紧邻太阳湾红树林区、盈滨旅游度假区和东水新城，紧邻西侧红树林区	一般
6	临高金牌港开发区	南部	金牌湾	有限的可利用岸线。西邻白蝶贝自然保护区，中部有红树林区，拟纳污海域可能对西侧的白蝶贝省级保护区产生影响	差
7	洋浦开发区	南部	洋浦近海	大多为可利用岸线。纳污海域为法定排污区，排污区西南面距离省级白蝶贝自然保护区3.2km，排污对白蝶贝有一定影响	较好
8	东方化工区	南部	东方近海	为可利用岸线。纳污海域为法定排污区和非生态敏感海域	好
9	东海岛开发区（石化、钢铁）	东部	东海岛东面海域	北侧为可利用港口岸线，南面部分为可以利用岸线。其北面11.5km处特呈岛有小片国家红树林保护区；其东面的规划排污区为法定排污区，距离国家红树林保护区超过20km，但对外围水域的水产资源增值区有影响	较好
	东海岛开发区（其他）	东部	东海岛南侧近岸	北侧为可利用港口岸线，南面部分为可以利用岸线。规划近岸排污区为法定排污区，但临近东侧红树林区，外围南面海域距离文昌鱼密集分布区约3.3km	一般
10	湛江临港开发区	东部	湛江湾内	为可利用岸线。但其西南侧临近红树林区，湾内赤潮灾害发生较多，距离特呈岛小片国家红树林保护区约3km	较差

续表

序号	重点产业集聚区	片区	排污区海域	占用生态敏感岸线情况和生态敏感海域影响评估	海洋生态适宜性
11	茂名河西区	东部	澳内外海	为可利用岸线。拟纳污海域非生态敏感海域，纳污水域为法定排污区	好
	茂名乙烯区片区	东部	澳内近海		较好
12	博贺新港区	东部	博贺港东侧	为可利用岸线。拟纳污海域非生态敏感海域，纳污水域为法定排污区，但南面排污区可能对西南面的放鸡岛文昌鱼保护区产生一定的影响	好

9.6.2　基于生态约束下的海域开发布局控制

为保护我国最后的"洁海"、最具生物多样性的"湾区"和最重要的"黄金渔场"，北部湾区域重点产业发展布局的海洋生态保护总体原则为"东西南部比邻区严格保护，南部和西部重点控制，东部优化保护"，并实施"湾内禁止，离岸排放"的污染控制策略。具体调控建议见表9-15。

表 9-15　海洋生态约束下的海域开发布局控制

片区	海域	调控	备注
西部	北海铁山港海域	严格控制	海域潜在风险较高，同时毗邻国家级的合浦儒艮保护区和山口红树林保护区，应控制临近海域开发
	涠洲岛附近海域	严格控制，禁止工业开发	涠洲岛附近海域有典型珊瑚礁海洋生态系统分布，同时有北部湾主要经济鱼类（二长棘鲷保护区核心区）的产卵场，因此应在严格控制现有项目的基础上，禁止进一步工业开发。该海域赤潮发生较多，应严格控制污染物排放
	防城港海域	严格控制	湾内有红树林，西面北仑河口有国家红树林保护区，因此，沿海重化产业发展宜限制在企沙工业园区一带，保护港湾内
	钦州湾海域	优化提升和保护	湾内海域潜在风险较高，湾口附近为中华白海豚积聚区，已开始出现赤潮，应优化和控制开发；湾顶的茅尾海已富营养化，应控制海水养殖和来自钦州市区等的污染
南部	海口港海域	优化提升	由于赤潮的频繁发生，水体营养水平高，应严格控制进一步的工业开发，并限制海水养殖，减少陆源污染
	东方化工沿岸海域	鼓励发展	海洋生态条件较好，只有少量、零星的珊瑚礁，可进行进一步的开发利用
	洋浦区沿岸海域	优化布局	西南面和东面有白碟贝保护区，建议排污口集中西北角的深海排放，进一步减少对海域生态的影响
	临高沿岸海域	严格保护优化布局	西临白碟贝保护区和红树林区域，海域开发利用应向东发展，避开敏感生态单元

续表

片区	海域	调控	备注
东部	湛江湾内	严格控制优化布局	湾内海域潜在风险高，湛江湾内有国家级红树林分布，渔业养殖较多，且水质较差和赤潮灾害发生较多，应控制沿岸生态破坏和减少污水排放，控制湾内的重化企业发展
	硇洲岛海域	禁止开发	为市级海洋保护区，中华白海豚在其南面，应严格限制硇洲岛海域南面海域的开发利用
	湛江徐闻沿岸海域	严格控制	生态系统好，西南部珊瑚礁保护区、西部白蝶贝保护区、北部红树林保护区，同时也有赤潮的发生，应严格控制海域开发利用和排海污染物增加
	湛江东海岛海域	优化布局	排污区应该避开白海豚和文昌鱼分布区，集聚区建议布置在东海岛的北面和中部，排污区建议在海岛的东面离岸排放
	茂名港沿岸海域	优化布局	条件较好，电白以东海域的文昌鱼离石化区排污区有一定距离

第10章 生态环境保护和管理对策建议

在前述章节的基础上，本章总结北部湾经济区经济发展十年变化、生态十年变化、社会经济发展重心演变和生态环境问题等内容，从土地利用效率、港口和海岸线开发、填海造地、重点产业优化和发展调控等方面提出北部湾经济区生态环境保护和管理对策建议。

10.1 经济发展十年变化

2000~2010 年，北部湾经济区经济发展迅速，经济总量逐年提高，经济总量由1292.20 亿元（1996 年）增长到 4491.38 亿元（2007 年），增长了近 3 倍。另外，北部湾经济区工业发展迅速，工业规模迅速扩大，工业总产值逐年增加，工业的主导地位基本确立。北部湾经济区工业总产值逐年增加，从 2000 年的 1674.58 亿元增加到 2007 年的5253.24 亿元，增长了 2 倍多。区域三次产业结构不断优化，第二产业和第三产业逐步成长为经济增长的支柱。北部湾经济区产业集聚区发展态势良好，带动作用明显。

10.2 生态十年变化总结

10.2.1 生态系统类型和格局变化

北部湾经济区以农田和森林生态系统分布为主，农田生态系统面积超过总面积的48%，森林生态系统面积超过总面积的 40%。其他灌丛、草地、湿地、城镇所占的面积相对较少，裸地比例极少，没有荒漠、冰川/永久积雪分布。

十年来，北部湾经济区森林、灌丛和湿地生态系统所占面积比例较为稳定，而随着工业化和城镇化进程的加快，城镇所占的面积在逐年递增，且 2005 年后增速明显加快，2000~2010 年共增长了 22.47%。相应的农田生态系统面积在逐年减少，十年间，农田生态系统面积减少了 1.26%。北部湾经济区的城镇生态系统的快速增长主要来自农田转移，农田转为城镇生态系统的比例在 2005 年后增速加快。

生态系统格局方面，北部湾经济区各类型斑块逐渐发生聚合，小的斑块逐渐消失。景观格局呈现出逐渐聚集、集中分布的趋势。但是由于最近十年工业化、城镇化的快速发展，北部湾经济区生态承载力整体呈下降趋势，不过后五年与前五年相比，下降的程度有所减缓。2000~2010 年，北部湾经济区生态承载力共下降了 30.80%。

10.2.2　经济区污染与环境关注问题

北部湾经济区植被破碎度十年间逐年下降，2000～2010年共下降了7.14%。而这十年来总体而言，北部湾经济区植被覆盖度有所上升，北部湾经济区生物量总体也呈上升趋势。

北部湾经济区被城镇建设占用的滩涂湿地面积逐年升高，随着城镇化进程加快，2005～2010年的面积占用率比2005年之前大大加快。2010年的面积占用2000年的2.25倍。

污水排放和大气污染物排放方面，2000～2007年由于污水排放量增大，北部湾经济区河流水质变化趋势总体呈下降趋势，而分析表明，营养盐含量是主要影响其水质类别构成的因素。由于工业的快速发展，北部湾经济区各县市工业废气排放量有所增大。

10.2.3　社会经济发展重心演变

根据GDP重心计算结果，除2000～2001年向北移动外，整体上表现为向东北方向移动，2009年后向南移动，特别是经度上向西移动的距离远远大于在纬度上向北移动的距离，表明北部和西部是北部湾经济区高速发展的区域。随着北部湾区域的开发，南部的发展速度也加快，从而使经济重心向南偏移。在整个时间段内，说明在传统经济区内经济迅速发展的同时，国家的区域发展战略也开始发挥作用。

总体来讲，人口重心呈先向东北后向南的方向移动。2009年后人口重心向南移动，与GDP中心变化的趋势一致。在整个时间段内，人口重心先向东北然后向南移动，这与GDP重心的维向偏移保持一致，主要受北部湾经济区开发的影响。

工业废水排放重心呈先向东北后向南的方向移动，然后在南部进行南北波动。2005年后工业废水排放量重心向南移动，比GDP重心的向南变化提前了4年，随后的4年里呈现了南北方向的上下波动，说明北部湾经济区的工业发展向沿海转移，在工业增长上相互拉锯。

生活污水排放量重心整体上呈现向东北部移动，连续年份之间的波动呈跳跃式，未完全保持较为稳定的变化和方向，总体上向东移动的距离大于向北的距离。

10.3　生态环境问题

第一，港口开发对生态敏感岸线有影响。北部湾经济区内各市县的港口规划岸线都存在与生态敏感岸线中禁止开发岸线和旅游岸线、增殖区岸线等限制开发岸线相重叠或冲突的现象（共约80km），区域港口规划岸线规模过大，应对其规模进行控制。

第二，经济开发活动对近海海域生态环境有影响。由于北部湾近海地区临海产业带、交通网络、水工工程和城镇化等大规模海岸线利用，近海海域生态环境已受到不同程度的影响，尤其是海岸线一些无序无度的开发利用，使北部湾沿海地区天然岸线和滩涂开发利用将逐年增大，填海造陆和港口航道工程建设等必将带来的沿海滩涂湿地重要生态功能单元面积减少、生境退化，局部沙质岸线受到侵蚀，自然岸线人工化，生境缩小和破碎化程度加剧。

第三，产业发展对陆地生态系统有影响。产业发展首先需要基础设施建设。而基础设施建设规划实施后的土地利用格局将发生根本变化，由农田、滩涂转变为工业建设用地，景观类型由滨江自然生态系统转化为城市生态系统。原有的潮间带生物由于围垦造陆而死亡，导致植被覆盖率及生物多样性的降低。

不同产业对生态环境有着不同程度的破坏。矿山的开采使当地生态系统的类型发生转变，由原有的自然次生植被生态系统转变为工矿-人工林复合生态系统，使原有植被消失，本土动物迁移，原有生态系统生物多样性降低。石化钢铁产业基本都位于生态弱敏感区，石化钢铁基地将会占用一定量的耕地，将造成周边区域土壤重金属和有机物污染的风险。

生物质能及制糖产业需要大量耗水，而其对水资源的过度掠夺将会加大经济区内用水压力，在轮作过程中，致使山坡表层土壤松散，易造成水土流失。另外该产业还会造成土壤肥力的降低，耕地资源的占用等问题。

10.4 保护和管理对策建议

10.4.1 提高产业集聚区土地利用效率

建议在土地集约利用、提高土地利用效率的原则下扩大产业集聚区的产业规模，优先发展技术含量高、经济社会效益好、集约用地水平高的产业，促进产业集聚区产业升级并形成产业链，避免盲目扩张占用土地。严格执行本书提出的北部湾区域重要产业用地用地标准，以《工业项目建设用地控制指标》第四类地区指标作为产业用地的控制底限，以《广州市产业用地指南》中第三类产业指标作为推荐值。

10.4.2 适当控制港口和海岸线的开发规模

北部湾区域沿岸各类自然保护区划、水产资源保护区、风景旅游名胜区、水产养殖基地等生态敏感岸线较多，应控制产业集聚区和港口岸线发展对这些生态敏感岸线的占用或影响。沿海规划港口利用岸线中有约13.7%占用生态敏感岸线中的禁止开发岸线和旅游岸线、增殖区岸线等限制开发岸线，其中东部、西部和南部分别为14.8%、11%和20%；建议对此部分规划港口岸线进行调整或取消，调整后港口利用海岸线总长不超过502km，其中东部、西部和南部分别为185.7km、238.7km和77.3km，到2020年自然岸线占岸线总长度比例不低于76%。建议在避开生态敏感岸线的前提下，重点开发湛江港、防城港及洋浦港等港口岸线。

10.4.3 加强对填海造地管理的建议

北部湾区域规划的填海造地速度是全国平均速度的1.3倍，填海速度相对快较，填海造地是北部湾区域"前港后厂（库）"模式的临港工业建设用地的主要来源之一，应加强对围填海造地的规划与管理，目前全国对此仍处于探索实践阶段，结合北部湾区域实际情况，提出以下七方面建议：①填海开发实施前首先做好大尺度的科学、全面的规划；②在进行填海前，必须制定填海区域建设用海发展规划，合理利用每一寸海域；③对海湾地区实施填海造地"整体论证"，综合论证所有填海项目给海洋环境造成的系统影响，包括叠加效果；④对填海项目的环境影响评价进行"综合论证；⑤无项目用海需求，不得实施填海工程，禁止在生态敏感性岸线和海域敏感区（包括军事用海区、海洋自然保护区、排洪泄洪区、航道、锚地和船舶定线制海区、生态脆弱区和重要海洋生物的产卵场、索饵场、越冬场及栖息地等）进行填海造地；⑥填海工程需进行科学建设，减缓用海冲突，降低对生态环境的影响；⑦要依法打击违规围填海行为。

10.4.4　优化重点产业发展确保生态系统安全健康

基于区域生态系统健康和生态安全的维持和提升，在分析北部湾重点产业发展对陆地生态系统的整体影响基础上，结合区域自然环境资源现状和发展趋势，提出与北部湾生态环境相协调的重点产业发展优化调整建议。

（1）道路建设等基础设施建设

公路应绕避北部湾生态环境中的保护对象。公路对生态环境中的保护对象产生干扰时，应结合受保护对象的特性提出保护方案，将不利影响减少到最低的限度。

（2）生物质能产业合理发展木薯种植用地

提高木薯生产科技含量，优化木薯种植面积。推广科学的耕作方式，减少木薯地的水土流失量。

（3）林浆纸一体化产业

1）严格控制桉树种植面积，造纸产能不宜盲目扩大。综合考虑生态系统结构、生物多样性、景观、生态系统服务功能、林地的其他生产用途等方面因素，结合海南浆纸林基地发展中期评估报告等，建议将北部湾浆纸林规模控制在56.7万 hm^2。

2）扩大生态公益林面积，重视植被生态功能的保护。扩大生态公益林的面积，控制经济林特别是速生桉树林（单一树种人工林）面积，特别是湛茂地区、北海地区及海南丘陵地区，以便提高涵养水源能力，改善局部地区生态系统功能。

10.4.5　重点产业优化发展调控策略

根据北部湾经济区资源开发与产业发展对生态环境的影响分析，结合区域社会经济发展的实际，综合建议北部湾区域重点产业发展的总体发展调控思路为"北部提升优化，南部集约发展，西部和东部择优重点，东西南部比邻区保护控制"。北部湾经济区重点产业总体发展与调控策略示意如图10-1所示。

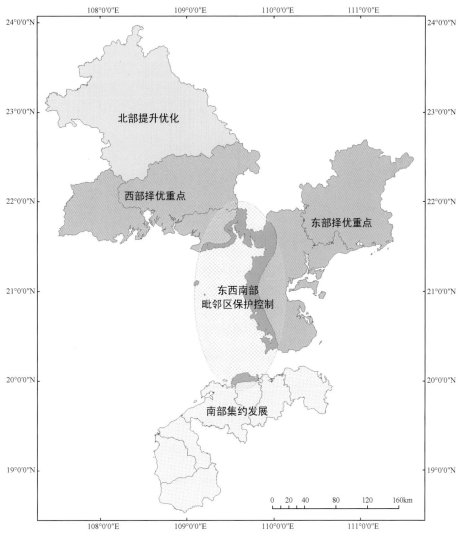

图 10-1　北部湾经济区重点产业总体发展与调控策略示意

制图单位：环境保护部华南环境科学研究所　制图时间：2013 年 3 月

1）北部提升优化：优化产业布局，调整和升级产业结构。

2）南部集约发展：南部集约重点发展洋浦开发区、东方工业区，其他集聚区实施有选择发展。

3）西部和东部择优重点：选择优势行业重点发展西部的防城港和钦州，东部茂名和湛江东海岛。

4）东西南部毗邻区保护控制：毗邻区从北海银滩至雷州半岛西侧至海南临高，加强对各类保护区及风景名胜区的保护和建设，不宜发展污染累积影响和生态环境风险较大的产业。

参 考 文 献

曹园园，璩向宁，卫萍萍 . 2015. 宁夏各市 2012 年生态承载力供需平衡状况分析 . 湖北农业科学，54 (23)：5887-5890.

陈颖，张明祥 . 2012. 中国湿地退化状况评价指标体系研究 . 林业资源管理，(2)：116-120.

范学忠，袁琳，戴晓燕，等 . 2010. 海岸带综合管理及其研究进展 . 生态学报，，30 (10)：2756-2765.

高兴民 . 2014. 基于 RS 和 GIS 肇东市生态环境质量综合评价 . 水利科技与经济，20 (5)：70-72.

韩云霞 . 2016. 基于重心模型分析人口、经济、环境的研究综述 . 大陆桥视野，(12)：300-301.

何原荣，周青山 . 2008. 基于 SPOT 影像与 Fragstats 软件的区域景观指数提取与分析 . 海洋测绘，28 (1)：18-21.

胡亮 . 2006. 植被群落多样性分析指标研究 . 广州：中山大学博士学位论文 .

黄蓓佳，王少平，杨海真 . 2009. 基于 GIS 和 RS 的城市生态环境质量评价 . 同济大学学报（自然科学版），37 (6)：805-809.

贾光风 . 2015. 海岸工程对海洋环境的影响 . 工业 b，(5)：119.

靳林林 . 2012. 北部湾渔业资源保护法律问题研究 . 青岛：中国海洋大学博士学位论文 .

李杰，郑国东，杨志强，等 . 2013. 北部湾沿海经济区水稻根系土重金属元素潜在生态风险评价 . 桂林理工大学学报，33 (1)：129-135.

刘飞 . 2015. 北京与广州城市区域生态地球化学评价 . 北京：中国地质大学博士学位论文 .

刘江，张晓羽，刘丹丹 . 2014. 基于 Markov 模型的景观格局分析 . 测绘工程，23 (9)：12-16.

刘明皓，陶媛，夏保宝，等 . 2014. 邻域因子对城市土地开发强度模拟效果的影响分析——基于 BP 人工神经网络模拟的结果对比 . 西南师范大学学报（自然科学版），39 (2)：40-47.

刘庄，谢志仁，沈渭寿 . 2003. 提高区域生态环境质量综合评价水平的新思路———GIS 与层次分析法的结合 . 长江流域资源与环境，12 (2)：163-168.

毛玮茜 . 2014. 我国伏季休渔政策对渔业资源的保护效果探究 . 合作经济与科技，(13)：34-36. 24

宋巍巍，余云军，杨剑，等 . 2013. 基于生态敏感性岸线的北部湾经济区沿海港口规划岸线的开发规模控制 . 中国环境科学，(s1)：131-136.

宋伟，陈百明，刘琳 . 2013. 中国耕地土壤重金属污染概况 . 水土保持研究，20 (2)：293-298.

万方秋，丘世钧 . 2003. 水蚀地区城市水土流失强度分级指标体系探讨 . 华南师范大学学报（自然科学版），(4)：115-120.

王爱芸，赵志芳 . 2015. 基于遥感的植被覆盖度估算方法研究进展 . 绿色科技，(3)：10-14.

王辰良子，王树文 . 2010. 捍卫蓝色国土的可持续发展之路——谈规制围填海项目的政策路径//中国科技政策与管理学术年会 .

王纪伟，刘康，瓮耐义 . 2014. 关中地区人类活动对生态系统胁迫变化影响评估 . 安徽农业科学，(11)：3326-3329.

王晓辉，黄翠梅，覃秋荣，等 . 2010. 北部湾地区洪潮江水库氮磷时空分布及富营养成因研究 . 湖南农业科学，(24)：24-25.

吴炳方，熊隽，胡明罡，等 . 2009. 基于遥感的区域蒸散量监测方法// gef 海河流域水资源与水环境综合管理项目国际研讨会 .

肖涛 . 2011. 能源消耗与经济增长关系的实证研究 . 重庆：重庆大学博士学位论文 .

肖洋，欧阳志云，王莉雁，等 . 2016. 内蒙古生态系统质量空间特征及其驱动力 . 生态学报，36 (19)：

6019-6030.

许凤娇 . 2014. 中国湖沼湿地生态分区研究 . 北京：首都师范大学博士学位论文 .

杨婷婷 . 2013. 荒漠草原生物量动态及碳储量空间分布研究 . 呼和浩特：内蒙古农业大学博士论文 .

袁蔚文 . 1995. 北部湾底层渔业资源的数量变动和种类更替 . 中国水产科学，(2)：56-65.

赵伟，谢文彰，瞿群，等 . 北部湾经济区产业发展对大气环境的影响研究 . 中国环境科学，2011，31（s1）：12-18.

朱东红，上官铁梁，苏志珠，等 . 2003. 区域生态环境质量评价方法 . 山西煤炭管理干部学院学报，16（1）：64-67.

索　引